Mr Jules Félix

La Plasmogenèse

ET LE

BIOMÉCANISME UNIVERSEL

PAR

Le Docteur Jules FÉLIX
PROFESSEUR A L'INSTITUT DES HAUTES ÉTUDES
DE L'UNIVERSITÉ NOUVELLE ET INTERNATIONALE DE BRUXELLES

■ ■ ■

Atlas de Biologie générale

1910

ERRATA

Pl.   2-7.   Argile dissoute. *Lisez :* argile comprimée...
»   3-9.   Orgaques. *Lisez :* organiques.
»   8,   27.   Diffusé. *Lisez :* formé.
»   8,   29.   Diffusé. *Lisez :* formé.
»   9,   31.   Diffusé. *Lisez :* formé.
»   9,   31.   Blan. *Lisez :* blanc.
»   10, 34.   Par absooption. *Lisez : et* absorption.
»   14, 52.   Ormation. *Lisez :* formation.
»   14, 55.   Dr. S. Leduc. *Lisez :* c'est la loi de Herrera sur la formation des organoïdes toujours que la cristallisation se produit dans un colloïde *coagulable par les molécules cristallines.*
»   16, 57.   Diffusées. *Lisez :* tombant.
»   16, 58.   Diffusées. *Lisez :* tombant.
»   16, 59   Diffusées. *Lisez :* tombant.
»   22, 79.   Diffusé. *Lisez :* en chute ou tombant.
»   24, 86.   Dentrites. *Lisez :* DENDRITES.
»   27, 98.   Chlorure de chaux. *Lisez :* chlorure de calcium.
»   27, 101.   Bicarbonate de chaux. *Lisez :* bicarbonate de sodium et chlorure de calcium.
»   27, 103.   Délué. *Lisez :* dilué. — Chlorure de chaux. *Lisez :* chlorure de calcium. — Incinération qui n'empêche pas... *Lisez :* incinération.
»   27, 104.   Silice diffusée sur solution de ferrocyanure de sodium. *Lisez* bicarbonate de sodium et chlorure de calcium en diffusion dans silice colloïde.
»   27, 105.   Spontanément. *Lisez :* microbes développés dans la silice colloïde, dans le dyaliseur.
»   27, 106a. Forme d'embryon du mollusque. *Lisez : embryon de mollusque.*
»   28.   Les numéros des figures ont été changés par erreur typographique :
La notice de la figure 108 se rapporte à la figure 109 : pelure d'oignon incinérée.
La figure 108 est du blanc d'œuf incinéré, voir la notice du 109.
»   30, n° 117.   *Lisez :* muscles de grenouille *incinérés.* — Id., *Lisez :* à structure *fine.*
»   31.   Les numéros de cette planche ont été changés par erreur typographique :
Le numéro 119 représente la salive humaine incinérée suivant la notice du numéro 122, salive humaine, etc...
Le numéro 122 représente les muscles vivants d'axolott, frais, remplis de flocons siliciques, etc... *Lisez* la notice du numéro 119.
»   32, fig. 125.   *Lisez : silicates.*
»   48, »   201.   *Lisez :* carbonates de sodium et de potassium.

$$\textit{Lisez : Zeiss } \frac{2}{D.\,D.}$$

»   53, »   220.   *Lisez :* chlorure de manganèse.

INTRODUCTION

Les conférences que j'ai données en 1906, à l'Université nouvelle de Bruxelles, sur *la vie des minéraux, la plasmogenèse et le biomécanisme universel*, ont eu un grand succès. C'est ce qui m'a engagé à continuer chaque année une série de leçons sur ce sujet aussi intéressant que captivant tant au point de vue de la biologie générale que de ses applications à la philosophie positive, à la sociologie, même à la médecine. Les savants à qui j'ai offert mes conférences, accompagnées d'un atlas de micro-photographies, ont fait à mon ouvrage, (tiré seulement à cent exemplaires) le plus favorable et bienveillant accueil. C'est ce qui m'a engagé à créer définitivement à notre Université nouvelle, *le Cours de Plasmogénie et de Biologie générale et comparée*, pour lequel je suis heureux d'avoir pu m'associer M. Guinet, dont la jeunesse et l'activité scientifique me donnent un précieux collaborateur et continuateur de l'œuvre.

Je remercie particulièrement MM. A. Herrera (de Mexico), Stéphane Leduc, Yves Delage, Dr Kuckuck, C. Flammarion, Molténi, pour les magnifiques clichés photographiques qu'ils m'ont si gracieusement offerts et qui m'ont servi à la publication de « *l'Atlas du Plasmogenèse et de Biologie comparée dans le temps et dans l'espace* ».

Cet atlas forme le *Tome premier* de mon ouvrage : « *La Vie des Minéraux, la Plasmogenèse et le Biomécanisme universel* » et constitue en quelque sorte le tableau historique et synoptique de *la cytogénie* et de *la plasmogénie de l'Univers*.

J'exprime avec plaisir ma gratitude et mon admiration pour les nombreux auteurs des travaux scientifiques remarquables auxquels

I

j'ai largement puisé; je citerai particulièrement les professeurs Benedikt
de Vienne, Haeckel, Arm. Gautier, Van Bemelen, Ed. Perrier, Albert
Robin, Camille Flammarion, Norman Lockyer, A. Herrera, R. Dubois,
Georges Renaudet, Foveau de Courmelles, G. Krafft, J. Effront, Bordas,
Dʳ Delgado Palacios (de Caracas), Ch. Moureu, Léon de Rosny, Guillaume
Degreef, Tarrida del Marmol, Schroen, etc.

Le public qui a suivi si assidûment mes leçons et la Presse ne
m'ont point ménagé leurs éloges et leurs encouragements à persévérer
dans l'enseignement de cette science nouvelle : « *La Plasmogénie* ».
Aussi je m'empresse d'adresser à tous ceux qui m'ont témoigné tant
de sympathie, l'expression sincère de ma reconnaissance ; même à ceux
qui m'ont fait l'honneur de critiquer et de combattre mes idées et mes
théories exposées de bonne foi. J'estime que c'est du choc des opinions,
de la discussion franche, loyale et du libre examen des faits que
doivent jaillir la lumière et la vérité.

Voilà pourquoi je publie une seconde édition, plus complète, de
mon ouvrage accompagné d'un atlas synthétique.

J'ai l'espoir, que malgré les lacunes et les imperfections inhérentes
à mon insuffisance personnelle devant l'importance d'un sujet aussi vaste
et encore si peu connu, mon livre contribuera quelque peu à populariser
une science nouvelle, dont la propagation et les progrès intéressent au plus
haut point les destinées du monde et de l'humanité, puisque toute la vie
organique, dit Mulder, s'explique par l'action des forces moléculaires;
la force vitale, (on pourrait ajouter : « *la force sociale* ») n'est donc pas un
principe mais un résultat. (Voir Louis Buckner, force et matière).

Il faut aujourd'hui, dans l'évolution synthétique de la *science universelle*, non point des *théories à priori*, des arguments (j'allais dire : « *des
arguties* ») idéologiques, mais des faits bien étudiés, bien observés, bien
contrôlés et une philosophie positive, dit Tuttle, basée sur la nature et
sur la raison.

La *dogmatique* et *la métaphysique*, dans tous les domaines scientifiques, philosophiques, religieux, politiques, économiques, juridiques et
sociaux, doivent s'incliner et s'effacer devant les données de la méthode
expérimentale et l'analyse synthétique des phénomènes de l'éternelle
nature, qui nous révèlent chaque jour les secrets de l'univers dans son
perpétuel transformisme. La Société, comme tous les êtres, n'agit point,
mais elle réagit.

La science positive progresse sans cesse et chaque jour, grâce au
perfectionnement des instruments de laboratoire et des méthodes d'observation et d'analyse.

La science positive est la réfutation et la répudiation du dogme et
de l'absolu, devant la réalité des faits et des phénomènes naturels.

2

L'évolution rationnelle et scientifique n'admet et ne peut admettre que ce qui est observé et démontré; elle remet tout le reste à plus tard et n'adopte que les théories résultant exclusivement de l'observation des faits et de la méthode expérimentale, *et cela encore d'une façon relative* et *non pas absolue*, c'est-à-dire, *jusqu'à preuve du contraire.*

C'est la voie réelle du progrès scientifique qui conduira à la paix universelle et au bonheur de l'humanité. Je ne veux donner d'autre preuve de l'absurdité et de l'insanité des dogmes que par exemple : « *Le dogme des gaz permanents* » qui régnait dans le monde intellectuel il y a cinquante ans, lorsque je commençais mes études à l'Université. Aujourd'hui, grâce aux procédés de compression ou de refroidissement à de basses températures, (jusque plus de 250° sous zéro) on liquifie ou on solidifie les gaz. *Le dogme des gaz permanents* est aujourd'hui une fable, une légende, un mythe, comme tous les dogmes juridiques, politiques, religieux ou philosophiques, qui ont régné despotiquement à travers les siècles, et qui malheureusement persistent encore grâce à l'ignorance et asservissent les intelligences et les caractères, la conscience et l'humanité!

L'étude de la plasmogénie et de la biologie générales nous conduira à mieux comprendre la solidarité perpétuelle entre tous les êtres de la nature incréée, la beauté et la grandeur de l'harmonie universelle.

Une théorie nouvelle, positive, de l'atome, de la molécule et de l'univers incréé surgira de cette science qui s'épanouit à l'aurore du XX⁰ siècle.

D'après les découvertes modernes et d'après les travaux des savants qui se sont spécialement occupés de l'étude de la plasmogenèse et de la cytogenèse universelles, et surtout d'après les remarquables expériences de laboratoire de Schroen, de Harting, de Leduc, de R. Dubois, de Herrera (de Mexico), de Van Bemmelen, de Quincke et de Bütschli étudiant la structure des gelées siliciques et démontrant leur nature alvéolaire, (G. Renaudet) pourquoi ne pas dire *cellulaire*, on peut, me paraît-il, jusqu'à preuve du contraire, parce que la science moderne n'a rien d'absolu, émettre les conclusions suivantes :

I. — Il faut considérer l'univers éternel et incréé comme un seul organisme, un grand tout harmonique en mouvement perpétuel et dont toutes les molécules composées de *groupements divers d'atomes* et non pas *de groupements d'atomes divers*, puisqu'il n'y a *qu'une seule espèce d'atomes*, forment les cellules, les organes, les êtres tels que les astres, les planètes, les soleils, la terre, la lune, les comètes, les nébuleuses, etc., en un mot tout ce qui existe et qui peut exister.

Toutes les cellules, tous les organismes qui constituent l'univers sont éphémères; ils naissent, vivent, meurent et évoluent sans cesse dans l'Ether, le protoplasme (*) de l'infini, *d'où ils viennent et où ils vont.*

II. — Les travaux et les expériences de physique et de chimie ont fait découvrir dans ces dernières années un état particulier de la matière, inconnu autrefois des savants; cet état radiant (atomique) de la matière a toujours existé; il n'est point, *ce qu'on a appelé à tort la dématérialisation de la matière,* mais simplement un état allotropique particulier de la matière incréée et éternelle. Aussi, avec les progrès de la science, dit Lockyer, l'*Idée d'atome a beaucoup changé.*

L'éther ne peut être *le terme ultime de la dématérialisation de la matière au sein duquel elle est plongée,* comme le dit le Dr G. Lebon. L'éther ne peut être et n'est en réalité qu'un état allotropique moléculaire de la matière en évolution perpétuelle et non pas *le néant ou l'immatériel dans lequel la matière serait plongée pour se dématérialiser!*

Les expériences de la décharge électrique provoquent des phénomènes lumineux et des fluorescences dans les tubes de Geissler et le tube de Crookes, où la raréfication atteint un millionième de la densité atmosphérique ; la découverte des rayons cathodiques, toutes ces expériences prouvent *qu'il s'agit bien d'un véritable mouvement de particules matérielles.* La vitesse de ces particules matérielles peut aller de *20,000 à 100,000 kilomètres à la seconde (Perrin).*

J. Thomson a pu déterminer expérimentalement la masse de ces particules matérielles (*corpuscules*), la vitesse de leur propagation et la charge électrique qu'ils transportent.

Ce qu'on appelle l'*atome* d'hydrogène, d'oxygène, etc., n'est donc pas le dernier terme de la division de la matière, mais *une simple molécule,* puisque l'*atome hydrogène,* le plus petit atome, a une masse deux mille fois plus grande que celle des *corpuscules* de J. L. Thomson.

Le corpuscule de Thomson c'est-à-dire *le véritable, l'unique atome,* d'après le hollandais Lorenz et l'anglais Larmer, se composerait comme le système solaire, d'un noyau (ion positif) autour duquel tourneraient des corpuscules chargés d'électricité négative. Le mouvement de rotation des atomes s'effectue avec une vitesse de plus de 300 trillions de tours à la seconde.

(*) Protoplasme : liquide, substance libre organisée vivante contenue dans l'intérieur des cellules, commune à tous les êtres organisés, végétaux et animaux, qui représente, dit Huxley, *la base physique de la vie.*

Dans un mémoire publié à Rome en 1903, le Professeur Schroen étudie la *vie des cristaux,* étude commencée il y a plus de vingt ans, et qui lui fit découvrir que des cristaux accompagnent toujours tous les microbes, et que l'apparition des traces de cristaux est toujours précédée d'un stade précristallin. Il se forme dans les solutions une masse à l'aspect finement granulé, comme dans le protoplasme, et que, pour cette raison, Schroen a appelée : *Pétroplasme.*

Il n'y a donc, d'après les nouvelles découvertes scientifiques, *qu'un seul corps simple, l'atome ;* tous les corps sont composés d'un nombre variable d'*atomes* dont les multiples et incessants groupements constituent les molécules radiantes de l'éther, protoplasma universel et source intarissable des organismes plasmogéniques en perpétuelles transformations. *La transmutation des corps est une loi universelle.*

III. — Tout ce qui existe dans l'éternel univers, les astres, les planètes, les mondes et les êtres en formation ou en décrépitude sont les organismes morphologiques et plasmogéniques de l'éther, dans lequel ils évoluent.

Pour faire mieux comprendre encore le but que je me propose en publiant mon ouvrage, fruit de nombreuses années d'études, d'observations et de méditations sur tout ce qui se passe dans la nature et dans la société moderne, je crois utile de publier ici les belles pages sur l' « *Evolution de la matière* » dues à mon savant collègue M. Georges Renaudet, chimiste et directeur de la Station de biologie à Vibraye (Sarthe). Ces pages sont extraites des mémoires de la Société Alzate de Mexico (T. 25, année 1907), et devraient être lues par tous ceux qui s'intéressent aux sciences naturelles et biologiques qui deviendront, par la force des choses, la base fondamentale de l'instruction et de l'éducation à tous les degrés et de l'organisation sociale universelle, suivant la parole de Socrate, l'illustre philosophe grec, l'apôtre et le martyr de la science libre et indépendante, qui, il y a 2400 ans, fut condamné à mort et empoisonné par la ciguë, comme Ferrer vient d'être assassiné par les bourreaux du libre-examen et de l'humanité :

« Il n'y a qu'un bien, disait Socrate, c'est la science; il n'y a
» qu'un mal, l'ignorance. L'homme sage ne croira point savoir ce qu'il
» ignore; il concevra d'abord qu'il ne sait rien et il cherchera à s'in-
» struire. »

L'ÉVOLUTION DE LA MATIÈRE ET LA PLASMOGÉNIE

par M. Georges RENAUDET, M. S. A.

Ce n'est pas seulement le plus grand problème de la biologie générale, c'est aussi un haut problème de philosophie naturelle que les études modernes tendent à résoudre, celui de l'origine possible de la vie et la création de la substance dite « vivante »; une science encore toute nouvelle, la plasmogénie, vaut donc qu'on s'y arrête un instant.

Quoiqu'en disent les détracteurs systématiques de toutes les novations, en particulier de celles qui gênent les théories où ils se complaisent jusqu'à l'inertie, on peut affirmer cependant qu'aucune limite ne saurait être assignée au pouvoir créateur de l'intelligence humaine et qu'aucune découverte n'aurait lieu si l'on n'essayait point, par de méthodiques recherches, de secouer la poussière du passé. *Errare humanum est...* Les « plasmogénistes » convient actuellement le monde scientifique à s'attarder un peu à leurs travaux et en envisager l'avenir.

Le temps n'est pas loin où l'on souriait du rêve des alchimistes et de l'hypothèse de la génération spontanée, l'esprit humain restant volontiers, par une inexplicable paresse, figé dans la formule étroite des dogmes et des théories reçues. Mais bientôt, avec l'idée de l'unité de la matière, l'ancienne chimère de la transmuabilité des métaux vient se concrétiser sous une forme qui n'est plus de paradoxe.

« On ne peut nier, dit le Professeur M. Paterno, que les atomes puissent évoluer ultérieurement »; si lente que soit cette évolution de la matière primordiale, elle a été et doit se poursuivre encore et au lieu de l'éternel cimetière des atomes — le *Nirvâna* final de M. Gustave Le Bon — il faut tendre plutôt à voir dans l'éther le laboratoire perpétuel

6

de la nature... L'éther est une forme de la matière, forme originale et finale à la fois; dans l'indéfinie circulation des mondes rien n'est en repos, rien ne nous apparaît immuable, tout se transforme, tout évolue; tout, sauf la masse qui demeure, et l'énergie qui ne s'éteint pas. (A. Laisant. *Sur l'évolution de la matière* in *L'Ens. Mathématique*, 15 Janvier 1906, pages 30-31.)

La question qui paraît s'éclaircir chaque jour davantage dans le domaine chimique méritait d'être étudiée et largement étendue dans les sciences biologiques. Pourrons-nous, en essayant de poser les lois de la Plasmogénie, la résoudre ainsi que de multiples expériences l'on essayé dans les laboratoires? Avec les chercheurs nous répondrons encore que rien ne saurait être considéré comme impossible dans le temps infini, dans l'Univers incréé, dans l'éternelle mutabilité des choses.

La transformation de la matière brute en substance vivante n'a jamais été scientifiquement observée, dira-t-on. Comme nous l'avons dit ailleurs (A. L. Herrera, trad. G. Renaudet. *Notions générales de Biologie et de Plasmogénie comparées*, p. 53), il faut bien admettre cependant la génération spontanée comme hypothèse cosmogonique, pour expliquer l'origine de la vie à la surface de la terre. Cette génération s'est-elle produite seulement à une époque calculée et limitée? S'est-elle continuée et dure-t-elle encore? Etant donnée la continuité d'action des forces naturelles, l'esprit est porté à admettre cette dernière hypothèse. Depuis Needham jusqu'à nos jours, en passant par Haeckel et Traube, la question, troublante en soi, conserve le même degré d'acuité, mais elle devient particulièrement intéressante si l'on songe aux expériences d'Yves Delage et J. Loeb sur la fécondation artificielle; aux mystérieuses propriétés du radium et enfin et surtout aux figures organoïdes remarquables obtenues par les plasmogénistes modernes.

Suivant le savant maître allemand, Benedikt, la *contrainte* à la fonction dans un milieu donné, a pu être l'origine de la vie (M. Benedikt. *Sur les études de Plasmogénie, in Biomécanisme et Néovitalisme en Médecine et en Biologie*, trad. espagnole. Mexico, 1904, p. 78). La morphogenèse biologique ne peut donc se réclamer du « vitalisme » classique qui a fait commettre tant d'erreurs graves (à Pasteur lui-même) et menace de les perpétuer à l'exclusion des données physico-chimiques, qui semblent en être, au contraire, la cause logique et prévalente.

La Plasmogénie a soigneusement étudié jusqu'à ce jour les phases d'évolution des substances minérales, depuis les cristaux définis (et susceptibles d'accroissement) et les cristaux mous, jusqu'aux colloïdes, auxquels se rattachent les matières organiques vivantes naturelles et dont il nous faut attendre l'explication rationelle de l'origine vitale. Les vésicules écumeuses de Quincke avaient déjà pu préparer l'esprit scien-

7

tifique à concevoir la réalisation d'une hypothèse hardie en soi, mais parfaitement vraisemblable; les productions biotiques obtenues par le Prof. A. L. Herrera, de Mexico, avec les silicates colloïdes, confondent les plus incrédules et nous n'avons pas hésité à poursuivre nous-même ces recherches d'un grand intérêt.

Est-il besoin déjà de rappeler le rôle prédominant des matières minérales dans les phénomènes biologiques. Une trop longue bibliographie et d'amples matériaux sur ce sujet sont présents à la mémoire de tous pour qu'il soit nécessaire d'y revenir en détail. (cf. A. L. Herrera. *Le rôle prépondérant des substances minérales dans les phénomènes biologiques.* Mém. Soc. Alz., t. XIII, pp. 338-348, 1903. — *Revue Scientifique.* Paris, 13 Juin 1903. Bull. Société Mycologique de France. XIX, 3e fasc. 1903). Quand on envisage les inéluctables relations de l'être vivant avec le milieu qui le supporte et le nourrit, on arrive à conclure que la vie est le résultat d'un échange incessant de particules minérales (eau, air, sels) sans lesquelles elle est nécessairement annihilée ou suspendue.

L'organisme lui-même est une combinaison extrêmement complexe de corps organiques et inorganiques, ces derniers étant dans la plus forte proportion. On oublie trop facilement que l'homme, les animaux, les végétaux, ne sont en définitive que des dissolutions de ces mêmes corps dans l'eau (Quinton). Le corps d'un homme pesant 65 kilos renferme environ 5o kilos d'eau, et les *quinze kilos* de matières organiques (albuminoïdes, graisses, tissu conjonctif, muscles, os, substances nerveuses, etc.) et inorganiques, sont elles-mêmes composées d'eau tenant en dissolution les métalloïdes et les métaux — ce qui fait dire au Prof. Dr. Jules Félix que rien n'est plus inorganique que les matières organiques. (Dr. J. Félix. *Les cures d'eau et d'air et les sources artésiennes et médicinales d'Ostende,* in *Le Médecin,* 6 Mai, 1906, numéro 18.)

Au surplus, ne sait-on pas — force nous étant de choisir parmi tant d'arguments — que certaines substances minérales, ainsi que l'eau sont généralement nécessaires à la vie — le calcium, le magnésium, le silicium, le fer, le manganèse. Aussi les retrouve-t-on dans la composition du protoplasma, diversement associés au C, H, O, Az, Ph, S, Fl, Cl, Na, K, ce qui justifie le nom de « chaos vital » que Claude Bernard donnait à la base physique de la vie. C'est enfin une notion fondamentale, vulgarisée par Le Dantec, que toutes les fois que la *composition chimique* de la substance qui constitue un être vivant varie, la forme de cet être se modifie. (G. Bohn. *Variation et évolution,* in *Revue des Idées,* t. I, n° 7, p. 5o9.) Le problème se complique bien plus encore lorsqu'il s'agit d'analyser le mécanisme de certains phénomènes, tels que la fermentation, où l'on considère alors le ferment comme une cellule vivante. Or, il paraît très probable que cette dernière ne peut provoquer

8

une réaction chimique que grâce à la présence de diastases ou ferments *inorganiques* (Dr. Aug. H. Perret. *Diastases et ferments inorganisés*, in *Revue Scientifique*, n° 19, t. VI, 1906), lesquelles diastases, comme dans la transformation type du sucre en alcool, provoquent le phénomène « sans l'intervention d'aucune vie », ainsi que l'avait laissé prévoir Büchner.

Le rôle primordial des éléments minéraux a été reconnu et recherché qualitativement dans quelques ferments. C'est pourquoi on a aussitôt rapproché l'action des diastases de celle des métaux à l' « état colloïdal »; le platine ainsi divisé à l'extrême suivant le procédé original de Bredig agit comme une véritable oxydase, à tel point qu'il se comporte d'une manière analogue vis-à-vis de poisons tels que l'acide cyanhydrique, CS_2, HS. Le bichlorure de mercure lui-même est un poison pour le platine colloïdal. Les substances minérales jouent donc un rôle fondamental dans les substances diastasiques. Après les recherches de Dastre, on a remarqué *qu'un organisme vivant ne donne pas naissance directement à une diastase ;* un élément initial, le proferment (zymogène, ou pro-enzyme) devient indispensable pour l'évolution ultérieure de la diastase et on a pu ainsi prévoir l'existence de pro-présure, de proplasmase, de pro-amylase... C'est à l'action de ce pro-enzyme préexistant (?) dans l'albumen de la graine que Diana Bruscih attribue l'auto-digestion de l'albumen des Graminées. (Diana Bruschi. *Recherches sur la vitalité et la digestion des Graminées.* Acad. dei Lyncei. Rome, 16 Sept. 1906.)

Enfin, et pour montrer combien le rôle des agents minéraux est considérable, rappelons que la chaux est non seulement un agent excitateur de la fonction zymogène, mais qu'elle est une condition de milieu indispensable aux phénomènes diastasiques. (Perret, loc. cit.)

Si nous avons tant insisté sur l'évolution de la diastase, c'est que la nature en est organique et colloïdale et qu'on a voulu affirmer que ce qu'il y a de plus essentiel dans la vie se ramène en dernier ressort à une action diastasique (?). (Pierre Girard. *Le mécanisme diastasique de la vie.*) Nous retiendrons de ces suggestives recherches que les actions chimiques, comme les actions diastasiques, sont des actions CATALYTIQUES. Sont-elles analogues, ainsi que l'assurent O'Sullivan et Thompson, diffèrent-elles suivant l'opinion de Duclaux ? Les physico-chimistes tels que Brown, Glendinning, Herzog, Bodenstein et près de nous Victor Henri, ont posé la question du mécanisme des diastases; on ne saurait dire qu'ils l'ont résolue.

Quel que soit le point de vue d'où l'on envisage le métabolisme vital, nous tenons dès à présent à souligner ce fait, qu'il n'est qu'une destruction et une reconstitution de la matière vivante qui procède avant *tout de la matière inorganique,* sans l'intervention de causes mystérieuses ou étrangères à l'échange proprement dit des substances minérales en

perpétuel mouvement. A tout bien considérer, les organismes et les organes
des êtres vivants ne sont que des sortes de cristallisations, au sens
de Benedikt, des arrangements cellulaires dans un liquide plus ou
moins aqueux, le protoplasme, milieu que nous considérons comme une
solution d'éléments minéraux dans l'eau et dans laquelle se forment les
matières organiques par des actions moléculaires physico-chimiques. Ainsi
comprise, la Plasmogénie s'identifie avec la Biologie; elle est une science
nouvelle, non pas parce que les objets dont elle s'occupe sont nouveaux,
mais parce qu'elle les considère sous un point de vue original et plus
étendu. (Herrera.)

A vrai dire, ce n'est pas d'hier qu'on a cherché à imiter les structures
organiques vivantes au moyen des seuls réactifs chimiques. Il faut
remonter en 1824, avec Dutrochet, et ses globules d'albumine coagulée,
qui ne sont qu'une ébauche imparfaite; les procédés plasmogénétiques
sont mieux réalisés déjà avec la technique de Traube (1862) — un simple
marchand de vins de Breslau — dont les cellules de tannate de gélatine
et de ferrocyanure de cuivre agissent comme des appareils osmotiques.
Avec Harting (1872), on assiste à de curieuses obtentions de structures
concentriques et radiées (voyez la critique que nous donnerons plus loin).
Mais c'est surtout Quincke et Bütschli, avec ses vésicules écumeuses,
Schlaumblasen, vers 1884, dont les expériences avec des réactifs divers,
savons en formation, le xylol et le savon, l'eau et l'huile, la gélatine,
les gelées siliciques, aboutissent à des résultats très importants : mouvements
amiboïdes, structures alvéolaires, courants osmotiques, vacuoles. Ils sont
les précurseurs de la Plasmogenèse et nous devons les mentionner avant
les contemporains que le problème, toujours actuel, pouvait intéresser
etséduire. Bütschli et Quincke ont étudié la structure fine des gelées
siliciques et démontré leur nature alvéolaire, ce qui a un grand intérêt
d'actualité, pour les recherches de Herrera.

En 1901, le Dr S. Leduc inaugure des expériences à l'aide du
ferrocyanure de potassium et le sulfate de cuivre ou la gélatine;
il obtient des cellules complètes, avec noyau et nucléole, cytoplasma
et membrane. Malheureusement ces figures dues selon Herrera à des
silicates accidentels, que nous avons sous les yeux, sont très artificielles et obtenues avec des liquides... organiques ; elles sont, pour
ainsi dire, trop macroscopiques et ne peuvent rien expliquer par elles-
mêmes.

Elles vérifient peut-être des lois physiques, mettent en relief la
loi de la diffusion, à tel point que Benedikt lui substitue le nom de
loi de Leduc, grâce à la notion nouvelle introduite par cet auteur de
la résistance du milieu à la diffusion, qui complète la loi de vitesse de
propagation.

10

Il faudrait citer encore Ascherson (1840), Rainey (1868), Monniez et Vogt (1882) dont la contribution a été un essai sans continuité. Dès 1889, le Prof. A. L. Herrera, de Mexico, frappé de la présence quasi universelle de l'acide silicique dans les réactifs, entreprend une vaste série de recherches avec des réactifs divers, organiques ou non. Il obtient ainsi des figures très originales de cellules, spermatozoïdes, protozoaires ; des centaines de formes, structures, mouvements, évolutions fort semblables à celles du protoplasma naturel (mouvements vibratiles, cellules nuclées et filaments intérieurs, etc.). La Plasmogénie a trouvé enfin, sinon son Créateur, du moins son Maître. Et jusqu'à nos jours, l'expérimentation se poursuit, donnant avec *les silicates colloïdes* en particulier, des résultats merveilleux, on peut le dire. Les biologistes, trop imbus de métaphysique, n'ont pas ménagé, tout d'abord, leur ironie au jeune savant, dont la hardiesse n'avait d'égale que la science et le scrupule. On reproche aux structures artificielles de ne pas montrer les phénomènes de division cellulaire ; a-t-on oublié déjà les imitations obtenues par Gallardo Rhumbler, Bütschli, et plus près de nous, par Leduc ? On insinue ensuite quelques critiques auxquelles on souhaite peut-être ne pas voir répondre... Puis des esprits sérieux, tels que Benedikt et Van Bemmelen s'y intéressent et trouvent dans les recherches nouvelles un appui à leurs propres théories ; il y a donc ici plus qu'une hypothèse. Et, de rechef, nous suivons Herrera dans la patiente et laborieuse continuité de ses travaux, entourés par une bibliographie considérable, passant au crible les moindres faits à la double épreuve de la technique et des notions acquises.

Il semble acquis que, dans la morphogénèse biologique, l'intervention des colloïdes soit nécessaire et inéluctable. Les imitations obtenues du protoplasma deviennent chaque jour plus semblables au modèle naturel, et celles que l'on prépare avec les silicates colloïdes sont presque égales à la matière vivante, sous le rapport de la structure et du pouvoir d'absorption.

Ne savons-nous pas déjà qu'aucun caractère spécial ne peut servir à séparer absolument les corps organisés des corps inorganiques ? Et si dans des conditions analogues, ils donnent les mêmes réactions (J. Ch. Boze, Ch. Bastian), il est à présumer que leur origine doit être commune. C'est à la recherche de ce troublant problème que se consacre la Plasmologie, science qui ne se limite guère à produire des formes artificielles des cellules, mais qui embrasse toutes les études, expériences, théories relatives à l'explication physico-chimique de la vie, indépendamment de toute intervention extérieure à ce système.

Depuis longtemps déjà le Prof. Van Bemmelen a émis l'opinion que l'état colloïdal est intermédiaire entre l'état anorganique et l'état

organisé. Les plasmogénistes vont plus loin, ils inclinent à croire et
cherchent à prouver que les silicates colloïdes pourraient bien être
comme le protoplasma du règne minéral et peut-être aussi la base
inorganique du protoplasma vivant. (G. Renaudet. *Plasmologie, état actuel,
son rôle en Biologie générale et son avenir*, in Mém. Soc. Alzate. Mexico,
t. 21, 1904, pp. 90-96.)

Les combinaisons formées par les corps colloïdes ne sont pas
d'ordre chimique ni soumises aux lois stoechiométriques et Van Bemmelen les a nommées *combinaisons d'absorption*, expression adoptée récemment
par des chimistes tels que Bredig, Pauli, Biltz, Zsigmondy, Zaccharias,
etc., etc. C'est ce que vérifie l'expérience. La silice préparée par le
procédé de Graham (lettre de Herrera, du 20 Mars 1906) possède
justement la faculté d'absorber et de retenir énergiquement toute espèce
de substances, l'aniline, vert de méthyle, rouge Congo, permanganate
de potassium, vapeur d'iode, solution iodo-iodurée, sont avidement et
définitivement absorbés.

Les flocons ainsi obtenus, ayant la consistance de la gélatine,
prennent ces corps, se colorent parfaitement et restent colorés dans un
excès d'eau, après 12 heures et plus. Les réactions internes sont plus
intéressantes encore : les flocons, macérés avec solutions de sulfate
ferreux, lavés sur filtre, soigneusement, jusqu'à non précipitation par le
ferrocyanure ou le sulfocyanure, donnent avec le ferrocyanure de
potassium, une coloration de Bleu de Prusse — avec le chlorure de
baryum un précipité de sulfate de baryum. Les flocons ayant une trace
d'acide chlorhydrique, coloriés avec le vert de méthyle (colorant du
noyau cellulaire) prennent le MnO_4. qui se réduit sur les bords des
flocons, le centre restant vert ou bleu. Les mêmes flocons absorbent
aussi KCl et après lavage, précipitent, se troublent profondément avec
la solution de nitrate d'argent ; peut-être même montrent-ils une espèce
de croissance dans ce cas particulier.

Les flocons ainsi obtenus, comme dans les expériences de plasmogenèse en général, sont encore trop consistants, ce qui indique un
perfectionnement à donner à la technique, mais n'implique en aucune
façon l'impossibilité de voir un jour *évoluer* les figures organoïdes obtenues.
Il a été prouvé que le pouvoir absorbant, que rapproche d'une manière
si curieuse la matière inorganique de la substance vivante, dépend non
seulement de la nature (composition chimique) du colloïde, mais aussi
et davantage, de sa structure. Des milliers de structures de silicates
ont été obtenus par Herrera et on ne saurait dire qu'elles soient l'effet
d'un pur hasard ou du chimiotactisme qu'invoqueraient bien vite les
plumes agiles de la critique; de l'étude des *formes* à celle de la *fonction*,
il n'y a qu'un pas et — laissant plus volontiers de côté l'aspect séduisant

des figures plasmogénétiques obtenues — nous envisageons la fonction, en essayant de la réaliser expérimentalement.

Dans notre hypothèse, *les silicates colloïdaux nous paraissent susceptibles de former une base structurale de l'appareil osmotique, qui. a de grandes analogies avec un appareil protoplasmique et qui peut imiter les propriétés physiques et biotiques du protoplasma (formation de noyaux, nucléoles, etc.)*

« Dès que les cellules inorganiques deviennent colloïdales, écrit Benedikt, *(Les origines des formes et de la vie. Revue Scientifique. 5me sér., t. IV, n° 14) se trouvent créées toutes les conditions d'espace, d'énergie, de substance, pour entrer en réaction avec le milieu ambiant.* Plus n'est besoin d'une mise en mouvement. » C'est à ce mode d'énergie propre à la cellule inorganique que nous avons consacré le nom de *synthèse osmoplasmique*. La « contrainte » à la fonction est le résultat immédiat de la réalisation d'un milieu favorable et c'est là l'origine de la vie.

Dans un ordre de faits assez analogue, procédant de l'idée de milieu matériel (constitué par eau, divers sels et gaz, air plus ou moins pur, ou plus ou moins raréfié, en présence de vibrations, etc.) ne savons-nous pas quels résultats intéressants ont été obtenus par Quinton, Johnson et Holl, Schamkevitch, Giard et Boas, Houssay, Pictet, etc. La « physiogenèse » de Le Dantec (ou moléculaire action de Cope) amène une modification chimique de la masse totale de l'être vivant, la kinétogenèse (ou molar action) agit sur une partie seulement plus ou moins localisée de l'organisme.

L'étude de ces analogies ou conformités n'est qu'à son aurore encore, pleine de promesses, mais des biologistes autorisés n'hésitent pas à croire à la continuité des cellules organiques et inorganiques.

Nous pouvons alors définir le protoplasma *comme un polygel (polyhydrogel ou hydrosol) dû à la coagulation d'un monohydrosol inorganique (silicique?) s'imprégnant par absorption de divers corps élaborés ou non.* L'idée d'un polygel *organique* biogénétique serait incompréhensible.

L'imprécision relative des résultats obtenus tient à la difficulté de la technique dans l'emploi des silicates colloïdes. Nous ne pouvons la résumer ici, préférant y consacrer un nouvel article, en énumérant les nombreuses figures obtenues et dont nous avons toutes les microphotographies, dont le Dr. Félix vient d'extraire un album très instructif, après avoir fait lui-même une série de conférences et d'articles sur la question. C'est cette technique qui, malgré les progrès accomplis, devra être perfectionnée encore. méritant peut-être la création d'un Institut de Plasmogénie dont la tendance et la haute portée philosophique vaut bien d'être prise en considération.

De récentes critiques ont voulu dire que les plasmologistes se grisent, au cours de leurs travaux, de séduisantes analogies. La science nouvelle qui est la Plasmogénie nous permettrait seulement de nous rendre compte du mécanisme qui régit certaines formes, aspects ou constitutions des êtres. Ainsi comprise elle ne serait « qu'une physiologie génétique de l'anatomie la plus élémentaire. » Mais d'autre part, on nous accorde que, *parmi les formes obtenues, il se peut qu'il y en ait dont les facteurs soient les mêmes que pour les formes vivantes analogues ;* ce timide aveu nous permet d'espérer l'élargissement de nos vues sur le sujet. On raisonne avec des faits et non avec des arguments qu'il serait puéril de reproduire ici.

En attendant la fameuse synthèse des albuminoïdes, il ne faut pas nier les résultats positifs obtenus par Herrera et mis en relief par des esprits qui n'ont pas craint de révéler ce qu'ils croient être aussi un acheminement à la vérité : le Dr. Dubois donne à Lyon et à Paris des conférences où la Plasmogénie a sa place marquée; le Dr. Bordas, le Dr. Félix (Bruxelles) et autres professeurs estimés convient leurs élèves à discuter la théorie nouvelle que nous présentons de bonne foi aux lecteurs des « Mémoires de la Société Alzate ».

La biologie contemporaine ne tend-elle pas à poser le postulat que les phénomènes vitaux se ramènent, en dernière analyse, aux phénomènes physico-chimiques? Nos recherches n'ont pas d'autre but que d'amener à prouver que la vie est le résultat de ces phénomènes, prenant pour base un appareil structural osmotique dont les silicates et la silice colloïde fournissent actuellement l'idée la plus vraisemblable.

Jusqu'ici on a accepté comme un dogme immuable, le rôle indispensable attribué aux albuminoïdes... qui d'ailleurs sont très imparfaitement connus. Cette conception ne résiste pas à l'examen, pas plus que l'hypothèse des aldéhydes de Loew et Bokorny, des biogènes de Verworn, de la « molécule géante » de Pflüger (imprudemment accepté par Haeckel dans son ouvrage « *The Wonders of Life* »), de la molécule protoplasmique de l'Ecole française moderne — autant de théories ingénieuses sans doute, mais tout à fait insuffisantes à vouloir expliquer la vie d'une manière générale, à la fois statique et surtout cinématique et dynamique.

« De la structure des peptones, écrit Fischer, on ne peut rien
» dire actuellement avec certitude, et pratiquement rien de celle de
» l'albumine, car les plus fructueuses investigations la concernant d'après
» des méthodes entièrement nouvelles, n'ont rien découvert. Supposez
» qu'un protéïde vrai puisse être immédiatement synthétisé, en quelque
» sorte d'une façon simple et brutale — comme l'échauffement d'un
» amino acide en présence d'un agent deshydratant, que gagnerait-on?
» La réponse est pratiquement rien pour la biologie et presque rien

14

» aussi pour la chimie. » (J. Bishop Tingle, *Johns Hopkins University*, *Science*. N. S. Vol. XXIII, n. 593, p. 754).

Laissant de côté le dogme inexplicable des albuminoïdes dont il faudrait avant tout fixer l'origine, la Plasmogénie tend à lui substituer l'intervention des forces catalytico-osmotiques dans un milieu colloïdal déterminé. Les arguments suivants plaident en faveur de la cytogenèse minérale pour laquelle nous devons noter la priorité en date de Herrera et ses collaborateurs; les différents critères donnés de l'être vivant sont applicables aux cellules artificielles des pectoïdes inorganiques.

Les cellules artificielles possèdent le double courant d'endosmose et d'exosmose, que l'on considère comme caractéristique du mouvement de nutrition cellulaire; ce travail est régi probablement suivant la loi osmotique de Van t'Hoff (1885) et la loi de Leduc, ce dernier auteur faisant intervenir, d'après les recherches de W. Pauli, la théorie de la dissociation électrolytique de S. Arrhénius; les cellules artificielles sont sensibles à toutes les actions extérieures et réagissent par un polymorphisme très marqué; dans les tissus de cellules artificielles desséchées, les phénomènes d'osmose, de diffusion et dissociation s'arrêtent, pour reprendre dès qu'on rend à la préparation l'humidité nécessaire; les formes plasmogénétiques sont comparables à celles des végétaux et des animaux inférieurs ou aux cellules constituant les divers éléments anatomiques. On y trouve tous les genres de structures vacuolaires, lamellaires, striées que l'on rencontre chez les êtres vivants et que l'on attribue aux différents protoplasmes; les cellules artificielles peuvent croître par intussusception, bourgeonnement, etc.

L'eau est l'architecte des organismes et ceux-ci sont les formes cadavériques des solutions (Herrera). Les tissus des êtres vivants sont formés par la solidification de solutions de colloïdes et de cristalloïdes. « La cosmologie nous apprend que les mondes subissent une évolution » progressive de l'état gazeux à l'état solide, en passant par l'état » liquide ; la diffusion et les actions moléculaires doivent donc jouer un » rôle prépondérant dans la formation et l'évolution des mondes. » (Leduc.)

Entre les cristaux susceptibles de s'accroître et produire des formes particulières (Benedikt, Von Schroen, Gariel, R. Dubois, Burke) et les être vivants, la cellule artificielle « plasmogénétique », constitue le chaînon qui rétablit l'unité harmonique de la nature.

Parmi les pectoïdes naturels inorganiques, une étude très suivie a été faite par Herrera des silicates, des phosphates et des carbonates.

Les carbonates (corpuscules de Harting) ont présenté jusqu'ici une structure non seulement pectoïde, mais aussi une structure cellulaire parfaitement nette, et ils donnent des figures que Henneguy, Harting, Laveran, etc., ont considérées comme presque équivalentes aux figures naturelles. Si remarquables que soient ces reproductions il est à craindre qu'elles procèdent des réactifs employés et renfermant des traces de matière organique, albuminoïde ou graisse (A. L. Herrera. *La Renaissance du problème de la génération spontanée. Rev. Scientifique. T. V*, n. 7, p. 208). Herrera incline à croire, sans l'assurer, que ces globoïdes sont dûs à la coagulation de la silice colloïde des graisses et albumines par le carbonate de chaux. En effet, l'huile, l'acide oléique — dans les recherches à peine initiées — ont produit des cendres siliciques, par incinération ménagée dans des capsules métalliques ou dans des verres de montre. Les graisses seraient des composés silico-organiques, de même que les albumines naturelles seraient des composés azotés silico-organiques (7 p. 100 de silice). (*)

Les phosphates donnent plutôt des précipités gelatineux. Par contre, *les silicates donnent une richesse inouïe de figures organoïdes et de précipités poreux qui laissent quelque espoir d'une évolution possible.*

En ce qui concerne les radiobles de J. Butler Burke (1905) ils paraissent être des cristaux de carbonates accidentels, de Baryum ou de Calcium, se gonflant dans les liquides et milieux organiques riches en silice (R. Dubois. *Cultures minérales sur bouillons gélatineux. Lyon.* 1904). Peut-être il y a aussi des cristaux radifères. Les éobes ou spores minérales du Prof. R. Dubois, nom auquel il a substitué récemment celui de « microbioïdes », semblent être aussi de matière silico-graisseuse ; la preuve en est la croix observée avec la lumière polarisée, chose que l'on retrouve dans les cristaux plastiques d'oléate d'amoniaque (Vorländer) et non dans les cellules (Herrera).

Nous devons borner là ce simple aperçu de la Plasmogénie envisagée depuis son origine jusqu'à nos jours. Il pourra montrer peut-être la portée d'une science encore récente et qui ne demande qu'à progresser. Il vérifiera enfin cette réflexion d'un critique de la théorie de Norman Lockyer :

« La chimie de toutes les parties de l'espace est la même. Le monde matériel est constitué par la même matière soumise aux mêmes lois. Nous avons le droit de raisonner sur l'Univers entier ; nous pouvons entrevoir que l'évolution de la vie à la surface de notre planète n'est qu'une sorte d'appendice, de prolongement de l'évolution inorganique ; conception grandiose dans sa multiplicité, car elle donne la vie complète aux mondes qui brillent au-dessus de nos têtes. »

(*) Herrera a même proposé l'hypothèse que le carbone et le sillicium — étant donnée leur analogie chimique, comparable à celle de l'hydrogène et du chlore — peuvent se substituer dans les flocons vivants.

Et nous ajouterons aussi avec M. G. Bohn : « Pouvons-nous
être sûrs que sur la planète Mars, par exemple, il n'y a pas de formes
vivantes ressemblant aux nôtres, faites de la même façon ? qu'y aurait-il
d'étonnant qu'avec *la même matière cosmique* et en présence *des mêmes
facteurs chimiques et physiques* il se soit créé en divers points de la surface
de la terre et de la surface de Mars une matière vivante identique à
elle-même et capable de s'organiser de la même façon ? » (E. Bhon,
Variation et Evolution. in Rev. des Idées. t. I, n. 8, p. 531.)

———— ————

Note. — Selon Herrera les microbioïdes plus petits de Dubois
sont de vulgaires monadiens ou micrococcus, des bouillons gélatineux
incomplètement stérilisés ou contaminés par des sels inorganiques ajoutés,
la poussière, etc. Carpenter, dès 1881 (*The Microscope*, p. 5o3) avait signalé
les travaux de Dallinger et Drysdale (1874) sur les monadiens résistant
à 15o° C., excessivement petits, et pouvant être considérés, par une
observation superficielle, comme des générations spontanées. Herrera
a vu ces microorganismes se mouvant et poussant les corpuscules de
Harting dans les bouillons anciens.

Je termine cette introduction en exposant dans ses grandes lignes mon projet d'un Institut international de Biologie générale et de Plasmogénie universelle :

Un Institut de Biologie générale et de Plasmogénie universelle

Projet et mémoire présentés en 1908, au Comité central mexicain de l'Alliance Scientifique Universelle
PAR LE Dʳ JULES FELIX
Professeur à l'Institut des Hautes Études de l'Université Nouvelle de Bruxelles
et Président du Comité central belge de l'*Alliance Scientifique Universelle*

Le XIXᵉ siècle a été le siècle des spécialités scientifiques. Grâce à la méthode expérimentale dans tous les domaines de l'activité humaine, des laboratoires ont été créés partout et les progrès des sciences naturelles ont étonné le monde par les découvertes qui ont fait connaître et ont pu expliquer, même très simplement à tous, les phénomènes les plus mystérieux de l'Univers.

L'inconnaissable et *les mystères d'autrefois*, qui furent la base du dogmatisme et du mysticisme, sont devenus, grâce à l'observation et à l'expérimentation, le *cognoscible* et les limites immenses de l'inconnu se rétrécissent chaque jour de plus en plus devant les découvertes incessantes de la science expérimentale.

Les lois de l'Eternel univers et leurs applications à l'industrie, au commerce, à l'hygiène publique et privée et à la sociologie ouvrent à l'humanité des horizons nouveaux et lui font entrevoir, dans un avenir prochain, le règne de la science positive préparant le bonheur, la liberté et la paix universelle par l'internationalisme et la solidarité.

Tout ce qui existe aujourd'hui relève de la science positive et expérimentale, dont les rayons lumineux et vivifiants, comme ceux du soleil, éclairent le monde, franchissent les espaces et passent à travers les continents et les océans pour montrer à tous les humains, dans leur plus vif éclat et leur marche triomphale, la Vérité et la Justice !

18

La physique, la chimie, l'astronomie, la paléonthologie, la géologie
et la biologie sont aujourd'hui des sciences sœurs et solidaires. Le
perfectionnement de l'outillage des observatoires et des laboratoires
nous font découvrir la synthèse universelle de tous les êtres, minéraux,
végétaux et animaux, dans leur transformisme perpétuel, dans leur
évolution constante et l'harmonie de la nature, dont les trois règnes
se confondent dans un seul règne, c'est-à-dire *la Vie universelle!*

Cette vie universelle, qui paraissait naguère encore une *émanation
surnaturelle et particulière à chaque être ou à chaque individu*, n'est plus
aujourd'hui que *la résultante de l'activité physicochimique du protoplasme
universel, c'est-à-dire de l'Ether infini qui anime et pénètre tout ce qui existe
et dans lequel naissent, vivent et meurent en se transformant sans cesse tous
les êtres*, formes cadavériques des solutions protoplasmiques d'après Herrera
(de Mexico), *pour constituer l'Univers éternel et incréé, évoluant par sa
perpétuelle gravitation.*

Voilà, me paraît-il, le vaste champ d'études *du grand problème
de la biologie générale et de la plasmogénie universelle*, tel qu'il doit être
posé aujourd'hui dans le monde scientifique et d'après les lois, les
découvertes et les innombrables travaux de savants, connus et inconnus :
des chimistes, des physiciens, des géologues, des astronomes, des
naturalistes et des biologistes, qui ont illusté les XVIIIe et XIXe siècles.

Il serait impossible de citer les noms de tous les savants et
de tous les pionniers des sciences naturelles, qui, grâce à la méthode
expérimentale, mise en honneur et en pratique dans les sciences qui se
rapportent à la physiologie et à la biologie par l'illustre Claude-Bernard
(1813-1878) qui, dis-je, ont contribué dans toutes les branches de l'activité
scientifique à sonder le mystère de la vie universelle et à en pénétrer
les origines et les fonctions. Mais pendant que tous ces travailleurs
intellectuels parvenaient dans leurs laboratoires particuliers à la solution
des problèmes les plus ardus et aux découvertes les plus étonnantes,
jetant une vive clarté sur les mystérieux phénomènes de la vie universelle et les lois de *l'unité* de la matière et de l'éternelle harmonie dans
la nature, la société, l'humanité toute entière ignoraient ces travaux
admirables et les conséquences importantes et prodigieuses, qui doivent
en résulter pour la prospérité des nations, le bonheur des peuples, et
pour l'organisation d'une humanité nouvelle, basée exclusivement sur la
science positive, sur la solidarité, sur le travail collectif et la paix
mondiale. Toutes ces connaissances et ces découvertes étaient réservées à
quelques privilégiés et n'entraient point dans le domaine public. Parfois
même, des travaux les plus remarquables et les plus importants de
pionniers obscurs de la science expérimentale n'ont pu arriver à la
notoriété publique, et l'on a même vu souvent les novateurs scientifiques

conspués, persécutés et honnis par le monde et les corps scientifiques officiels, même anéantis par la pauvreté et l'abandon !

Quoi qu'il en soit, la science expérimentale a tracé sa route lumineuse et belle à travers les brouillards épais de l'obscurantisme et les nuages noirs du dogmatisme et du doctrinarisme séculaires. Les travaux de Lavoisier, de Dumas, de Haeckel, de Darwin, de Berthelot, de Huxby, de W. Crookes, de Norman Lockyer, de Moissan, de Curie, de Gustave Lebon, d'Armand Gautier, de Charles Moureu, de Thomson, de Ramsay, de Benedikt, de Traube, de Effront, de Kratt, de R. Dubois, de Richet, de Foveau de Courmelles et les merveilleuses découvertes d'Edison et de tant d'autres, ont ouvert une voie nouvelle aux sciences biologiques et sociologiques.

Les travaux de Von Schroen, de Harting, de Leduc, du Dr Kuckuck, et particulièrement les découvertes de la formation spontanée d'organoïdes dans les solutions minérales et du rôle de la silice, colloïde universel, dans l'organisation des êtres, faites par notre ami Herrera, le savant et infatiguable directeur de l'Institut de biologie de Mexico, dont le remarquable ouvrage : *Notions générales de biologie et de plasmogénie comparées*, traduit en français et parfaitement commenté par M. G. Renaudet, fera époque, ouvrent l'ère d'une conception scientifique et philosophique nouvelle de l'Eternité de l'Univers organisé, de l'Unité de la matière sous tous ses états allotropiques, moléculaires, et de la Vie Universelle (*).

Ce sont ces considérations qui nous ont fait comprendre *l'importante nécessité de rassembler, de classer, de synthétiser en une œuvre unique*, tous les travaux relatifs à la biologie et à la plasmogénie, hélas ! trop peu connus aujourd'hui, trop souvent même méconnus et trop éparpillés dans le monde des savants et des intellectuels. C'est ce qui nous a engagé à exposer notre projet *de la création d'un Institut international de Biologie générale et de Plasmogénie universelle*.

L'œuvre que nous avons conçue est immense et peut paraître au premier abord impossible et irréalisable. Certains esprits doctrinaires ou timorés ne voudront pas en comprendre l'utilité ou en exagéreront les difficultés. A ceux qui m'ont fait observer qu'il était un peu tard pour moi, à soixante-huit ans, de songer à la réalisation d'un projet aussi grandiose, j'ai répondu que ma personnalité était quantité négligeable devant l'avenir de l'œuvre réservé à de plus jeunes, animés de la même foi scientifique ou de la même résolution, et que si, au temps du bon

---

^(*) Voir le remarquable ouvrage : *Notions de biologie et de plasmogénie*, par M. Herrera (de Mexico), traduction française de G. Renaudet (Junk. éditeur à Berlin, 1906).

20

Lafontaine, les octogénaires plantaient, il était bien permis à un septuagénaire de semer la bonne graine au XXe siècle, pour préparer aux jeunes générations les moissons d'or de la science positive et expérimentale. Voilà pourquoi j'expose, avec pleine confiance dans l'avenir, mon projet d'*Institut international de Biologie générale et de Plasmogénie universelle.*

Le XIXe siècle a vu naître une science nouvelle : La *Biologie expérimentale et la Plasmogénie générale.* Son importance est considérable au point de vue scientifique, philosophique, économique, moral et social. Il est donc nécessaire de pouvoir rassembler, condenser, classer tous les travaux qui s'y rattachent et qui sont trop peu connus ou trop éparpillés et dont la synthèse, l'harmonie sont trop indispensables à l'étude complète des phénomènes de la vie universelle et à l'application sociale des lois qui les régissent. Les relations scientifiques doivent devenir *internationales,* dans l'intérêt du progrès, du bien-être social et de la paix universelle. Pour atteindre ce but, il faut créer un *organisme international* où tous les savants et tous les intellectuels désireux de s'instruire et de connaître la *science de la vie,* puissent se réunir, s'instruire mutuellement, échanger leurs vues, leurs idées, leurs connaissances, leurs travaux, avec la plus grande facilité et la liberté la plus complète. C'est à l'*Institut international* que tous pourront communier sous les auspices de la science libre et indépendante.

Mais comme la plupart des savants et des intellectuels, avides de s'instruire et d'enseigner, sont généralement pauvres ou très peu aisés, il faut avant tout *que l'Institut international de Biologie et de Plasmogénie possède des revenus annuels considérables,* pour les aider à vivre et pour l'institution et l'entretien :

1° Des laboratoires de Biologie et de Plasmogénie universelle ;

2° Des musées, des collections biologiques et plasmogéniques ;

3° Des bibliothèques ;

4° Pour la rémunération convenable du personnel et des savants, qui viendront chaque année, à certaines périodes, donner des cours et des conférences sur leurs travaux, leurs découvertes et les résultats de leurs études ;

5° Pour aider par des subsides et des bourses d'études et de voyages, les étudiants pauvres, de toutes les parties du monde, qui viendront faire leurs études à l'Institut international et qui seront la pépinière du professorat mondial ;

6° Pour faire les frais des publications des travaux de l'Institut, consignés dans une revue périodique et aider à la diffusion universelle des sciences biologiques appliquées à l'économie sociale.

Pour arriver à réunir chaque année les *sommes considérables nécessaires à l'Institut international,* il suffirait du concours financier de toutes les personnes et de tous les pouvoirs publics qui s'intéressent à l'instruction et à l'éducation du monde par la diffusion des sciences naturelles, dans l'intérêt du bonheur de l'humanité, sans aucune distinction de classes, de castes et de nationalités. C'est pour cela que je voudrais que l'*Institut de Biologie et de Plasmogénie jouisse de la plus grande indépendance et de la plus complète autonomie*, c'est-à-dire qu'il soit *absolument International*, à l'exemple et sous les auspices de l'*Alliance Scientifique universelle*, fondée à Paris, en 1876, par M. Léon de Rosny, l'éminent orientaliste, professeur à la Sorbonne, dans le but de faciliter les relations des hommes de sciences disséminés dans toutes les contrées du globe ; de leur assurer dans leurs voyages aide et protection pour la poursuite de leurs recherches et de leurs études ; de leur fournir les moyens d'entrer en relations immédiates avec les savants, les artistes, les littérateurs et de se procurer tous les renseignements utiles à leurs travaux.

Combien n'existe-t-il pas au monde de personnes riches, des millionnaires et des milliardaires, qui pourraient *s'ils voulaient s'intéresser à l'Institut international, lui accorder chaque année, une portion notable du superflu de leurs richesses et de leurs revenus!*

Pourquoi les richissimes américains ne partageraient-ils pas les trop nombreux millions qu'ils donnent aux universités, déjà trop riches, et n'en donneraient-ils pas une petite partie à l'Institut international de Biologie générale et de Plasmogénie universelle?

Si de par *le monde des gens aisés*, il y avait seulement *cent mille personnes* qui *s'engageraient à lui donner chaque année deux francs*, l'Institut international se trouverait assuré *d'un revenu annuel de deux cent mille francs!*. Il ne serait donc pas si difficile de créer cette œuvre grandiose et unique au monde, si par l'intermédiaire des comités de l'*Alliance scientifique universelle*, l'opinion publique devenait sympathique à l'œuvre et lui assurait pécunièrement l'existence.

Quant à l'organisation technique et administrative de l'œuvre mondiale à créer elle me paraît très simple et très facile.

La Direction et l'organisation générale scientifique et technique des laboratoires seraient confiées à M. A. Herrera et auraient leur siège à Mexico. Pas n'est besoin de détailler ici les mérites de M. Herrera et les titres scientifiques qui désignent sa haute et sympathique personnalité à l'honneur de ces fonctions.

La Belgique me paraît, par sa situation géographique centrale, son caractère de neutralité nationale, très favorable à devenir la succursale européenne de l'Institut international de Mexico.

Un avantage encore, c'est que Bruxelles étant le *siège de l'Université Nouvelle et Internationale*, fondée il y a *quatorze ans* sur le principe

22

de l'indépendance et de la liberté absolue de l'Enseignement scientifique et étant fréquentée assidûment par un grand nombre d'étudiants et de professeurs étrangers, qui viennent de toutes les parties du monde pour s'instruire et pour enseigner, l'*Institut international de Biologie et de Plasmogénie* se trouverait dans un milieu scientifique cosmopolite favorable à sa réputation et à son succès.

L'Institut, tout en conservant son entière autonomie et son indépendance scientifique, économique et administrative, pourrait même être affilié à l'*Université Nouvelle de Bruxelles*, comme le sont déjà :

1° L'Institut de Géographie, fondé par Elisée Reclus et dirigé par M. Paul Reclus, son neveu et ses collaborateurs : MM^mes Dumesnil, Willens et Sochazevska ; MM. J. Boons, Maes, Patisson et Schoonaers ;

2° L'Institut des Fermentations, dirigé par M. le Dr Effront ;

3° L'Extention Universitaire de Belgique, société absolument indépendante de l'Université Nouvelle, sous la présidence du sénateur Houzeau de Le Haie et de M. Pirard, membre de la Chambre des Représentants et tous deux professeurs à l'Université Nouvelle de Bruxelles.

Telles sont les grandes lignes et les bases fondamentales du projet d'*Institut international de Biologie générale et de Plasmogénie universelle*, que j'ai l'honneur de soumettre à l'appréciation du Comité central de l'Alliance Scientifique Universelle, et à tous les amis de la science et de l'humanité.

La science positive et expérimentale sera, en l'an deux mille, la religion mondiale, parce que la Biologie et la Plasmogénie appliquées à la sociologie scèleront définitivement par la solidarité humaine, la fraternité des peuples, l'union des nations et la paix universelle !

Voilà pourquoi l'Institut de Biologie générale et de Plasmogénie universelle doit être international.

Dr Jules FÉLIX.

ATLAS

DE

Plasmogenèse et de Biologie Universelles

PUBLIÉ PAR LE

Dᴿ Jules FÉLIX

D'APRÈS LES

Travaux et les Microphotographies

DES PROFESSEURS ET DES SAVANTS :

BUTSCHLI, BALDUCI, BENEDICKT, H. BERDAL, Y. DELAGE, DASTRE, R. DUBOIS, EFFRONT, C. FLAMMARION, FOVEAU DE COURMELLES, J. FÉLIX, HARTING, HAECKEL, A. HERRERA, KUCKUCK, LEDUC, LOEB, MONFREDI, MARY, A. ROBIN, TRAUBE. VON SCHROEN, ETC.

NOTA. — Les micro-photographies sont au grossissement de 1,000 à 1,200 diamètres.

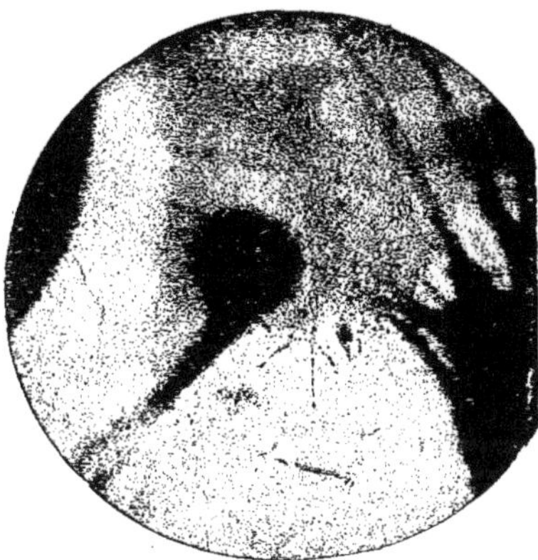

1. Argile synthétique par trituration de silicate alcalin
avec l'argile plastique : granulations protoplasmiques;
Microzymas du Dʳ Béchamp.   (1)

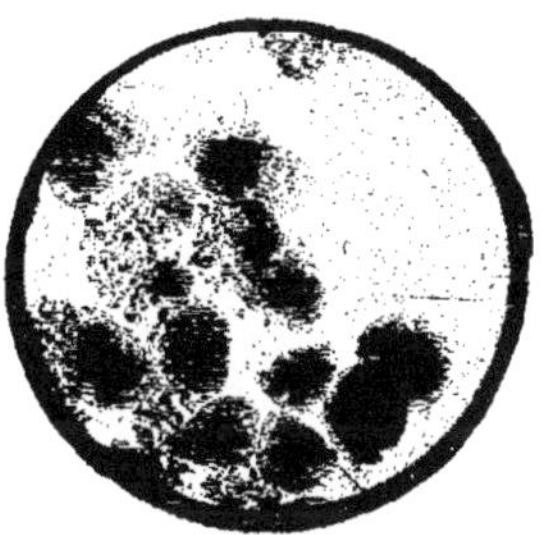

2. Argile synthétique bouillie avec la
potasse : protoplasme, granulations et
cellules en voie de formation (par giration).   (1)

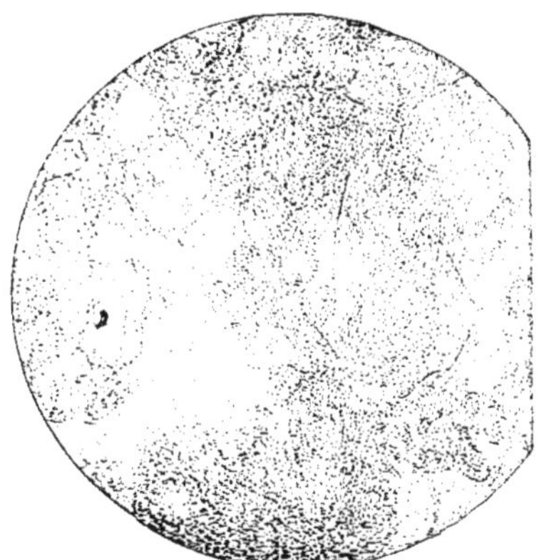

3. Argile synthétique; précipité granuleux absorbant
les huiles, les anilines, etc., protoplasme.   (1)

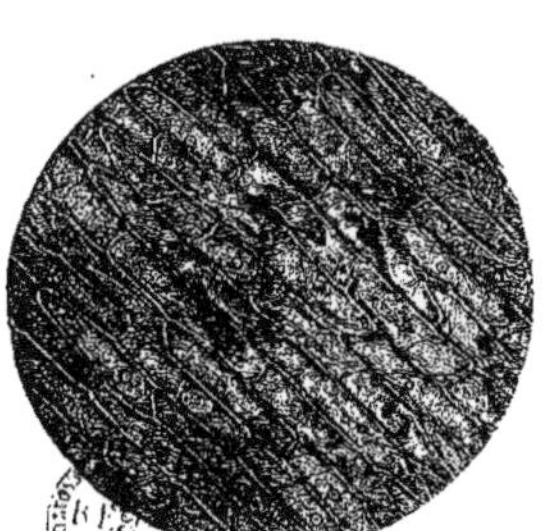

4. Protoplasme et noyau de cellules
de pelure d'oignon.

(1) Les clichés micro-photographiques sont du professeur Herrera de Mexico.

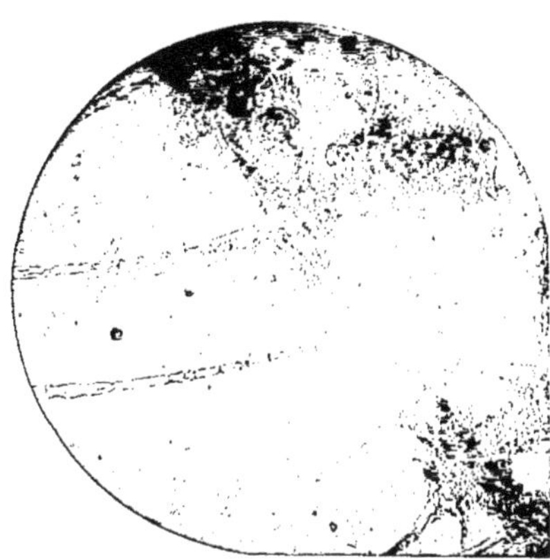

5. Sulfate d'alumine et silicate de potasse ou de soude : Mycelium (champignon avec ses spores); ressemble aussi au champignon du muguet avec spores. (1)

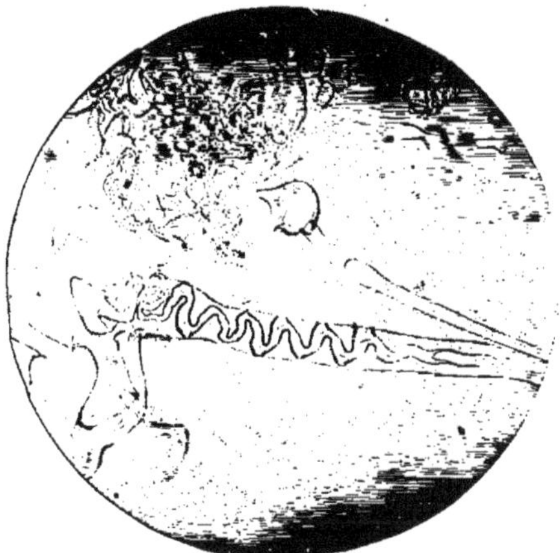

6. Spyrogyra : Spirème né spontanément dans une solution de silicate de potasse et de sulfate d'alumine. (1)

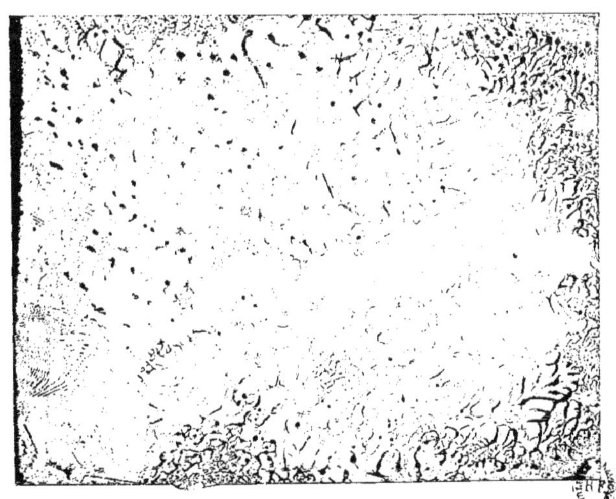

7. Argile dissoute et comprimée entre deux verres : Dentrites et multipolites analogues, aux prolongements protoplasmiques des cellules nerveuses. (1)

(1) Les clichés micro-photographiques sont du professeur HERRERA DE MEXICO.

8. Capnodium et sporulation; imitation obtenue par le sulfate d'aluminium solide pulvérisé sur du silicate alcalin dilué. (1)

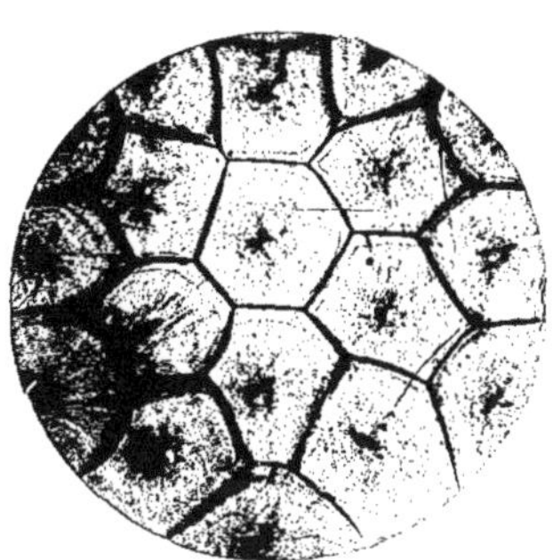

9. Cellules artificielles nées spontanément par des gouttes d'une solution de chlorure de sodium coloriée par l'encre de Chine dans l'eau.

On voit dans ces cellules l'analogie de la membrane protoplasmique des cellules orgaques. (Dr S. Leduc.)

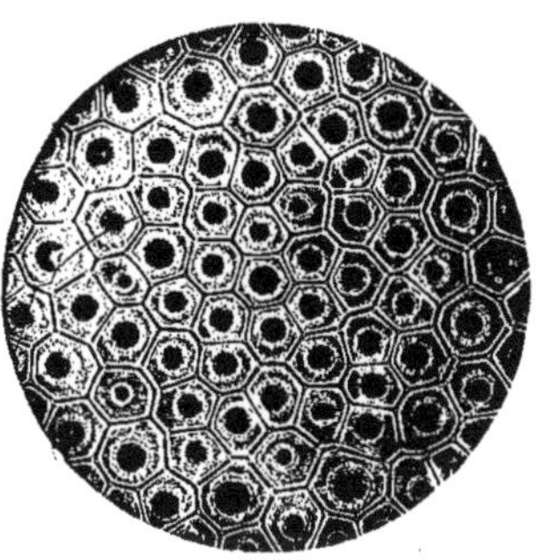

10. Cellules et tissu artificiels produits spontanément par la diffusion d'une solution de ferro cyanure de potassium dans la gélatine. (Dr S. Leduc.)

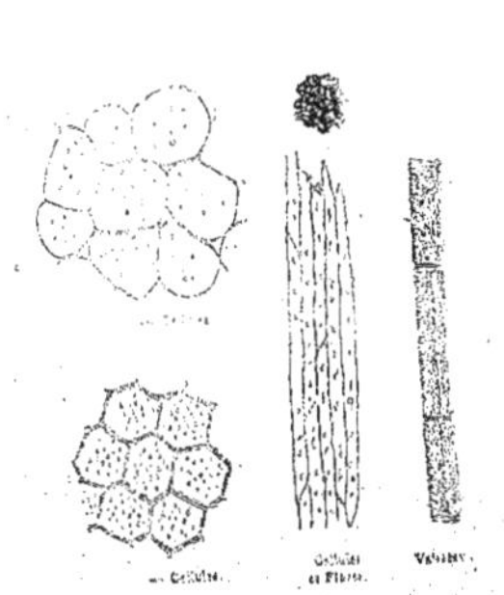

11. Cellules, fibres et vaisseaux de tissus animaux et végétaux (collection MOLTÉNI, Paris).

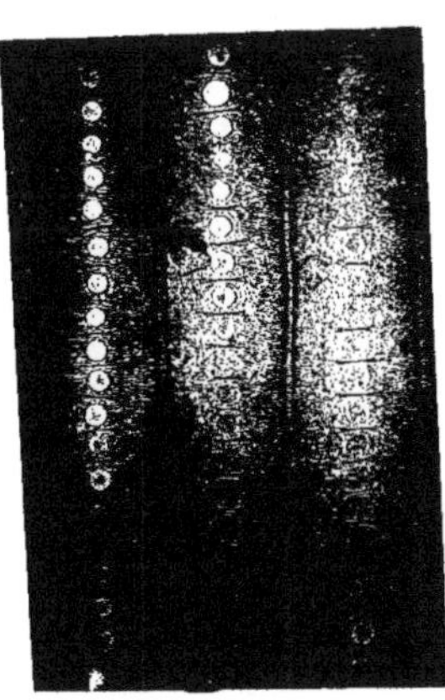

12. Diffusion d'une solution de ferro-cyanure de potassium dans la gélatine; formation spontanée de cellules et de fibres, à comparer les fig. 10, 11 et 13. (Dr S. Leduc.)

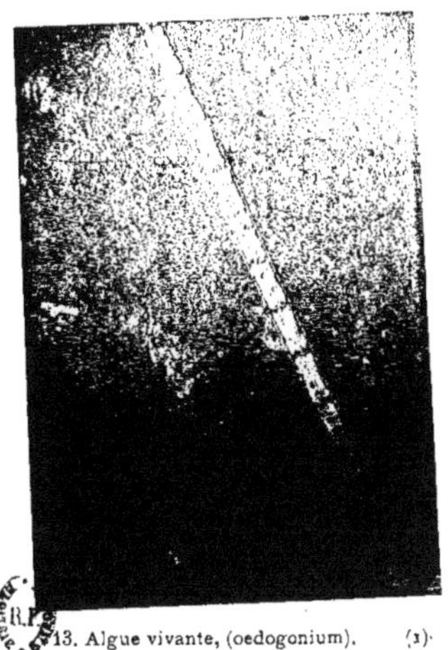

13. Algue vivante, (oedogonium). (1)

14. Cellules artificielles liquides à prolongements ciliaires dont le contenu a subi la Segmentation. (Dr S. Leduc.)

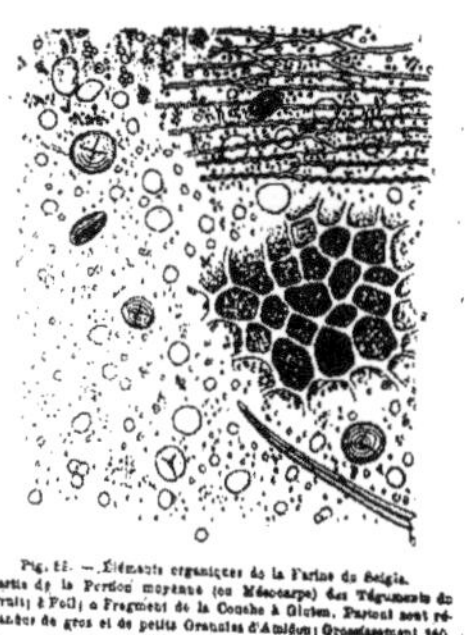

15. Cellules et éléments organiques de la farine de seigle. (Molteni.)

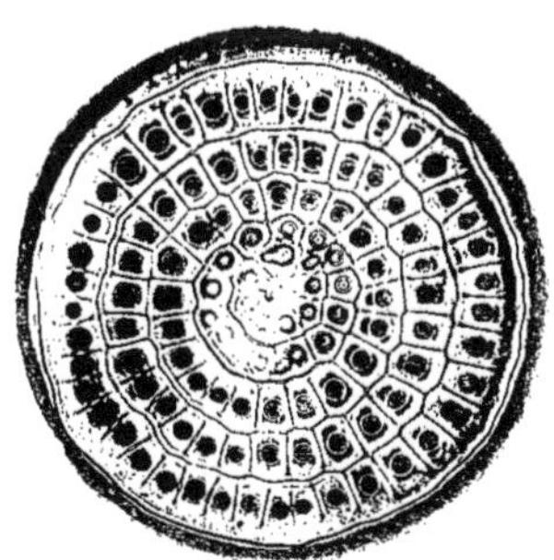

16. Cellules artificielles obtenues par diffusion de ferro-cyanure de potassium dans la gélatine avant leur segmentation. (Dr S. Leduc.)

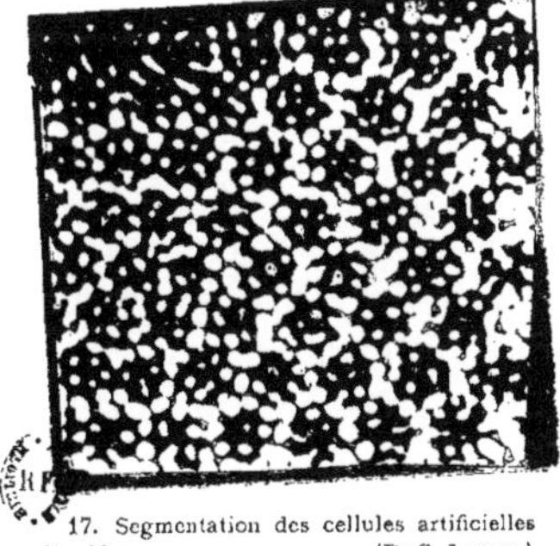

17. Segmentation des cellules artificielles liquides. (Dr S. Leduc.)

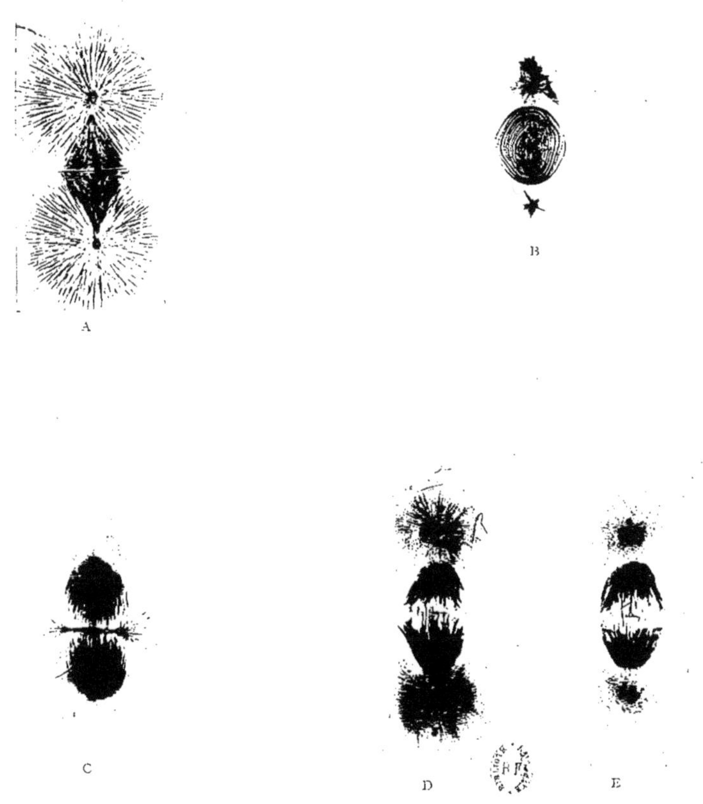

18. Karyokinèse des cellules artificielles obtenues spontanément par diffusion : diverses phases de la karyokinèse cellulaire artificielle, tout à fait semblable à la karyokinèse naturelle : A. B. C. D. E. F. = asters, sphères, centrosomes, fuseaux, divisions des noyaux, cellules filles, etc.

(Dᴿ S. Lᴇᴅᴜᴄ.)

18ª.

F

Cellules filles.

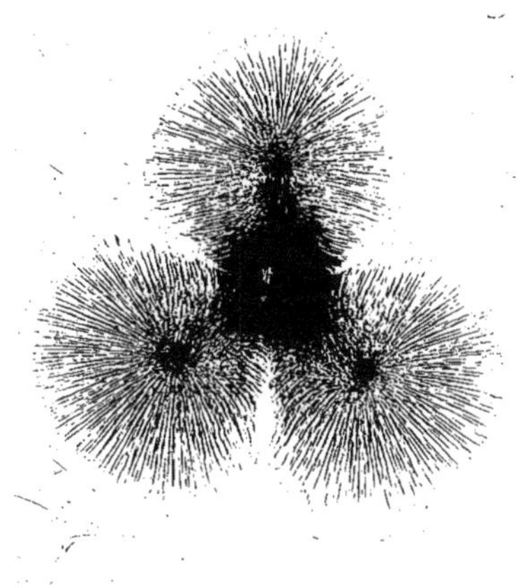

19. Champs de diffusion multipolaire; gravitation moléculaire pour l'organisation cellulaire dans les solutions minérales; propriété du protoplasme.

(Dr S. LEDUC.)

20. Croissance spontanée de cellule minérale dans une solution de nitrate et de ferro-cyanure de potassium additionnée d'une goutte de sirop du sucre et de sulfate de cuivre dilué. Voir les ramifications de la croissance.

(Dr S. LEDUC.)

21. Autre forme de croissance de cellule minérale. (Dr S. LEDUC.)

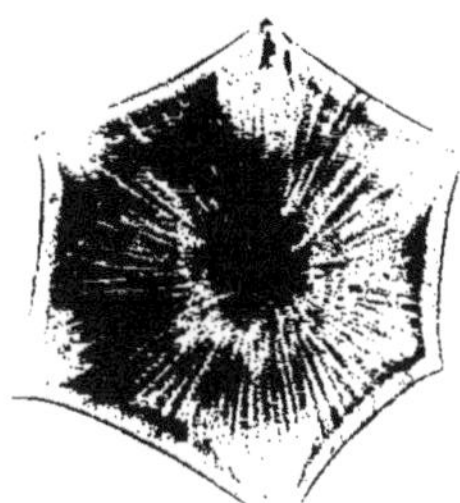

22. Cellule minérale isolée, formée spontanément dans une solution de chlorure de sodium colorée par quelques gouttes d'encre de Chine. Phénomènes de gravitation et de radiation.   (Dr S. Leduc.)

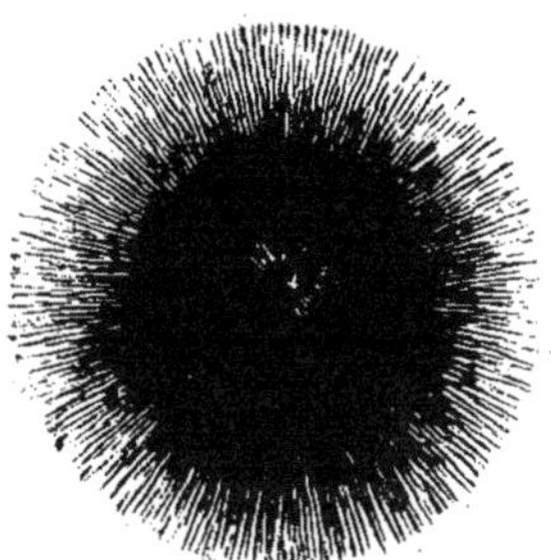

23. Champs de forces de diffusion monopolaire. La diffusion des liquides suit identiquement la loi des courants électromagnétiques ;(lois de Ohm), toujours la matière en gravitation.   (Dr S. Leduc.)

24. Champs de diffusion bipolaire entre pôles du même nom.
(Dr S. Leduc.)

25. Champs de diffusion bipolaire entre deux pôles de noms contraires. (hyper et hypotonique = positif et négatif).   (Dr S. Leduc.)

26. Croissance de cellule artificielle dans une solution
gélatineuse de chlorure de sodium.   (Dʳ S. Leduc.)

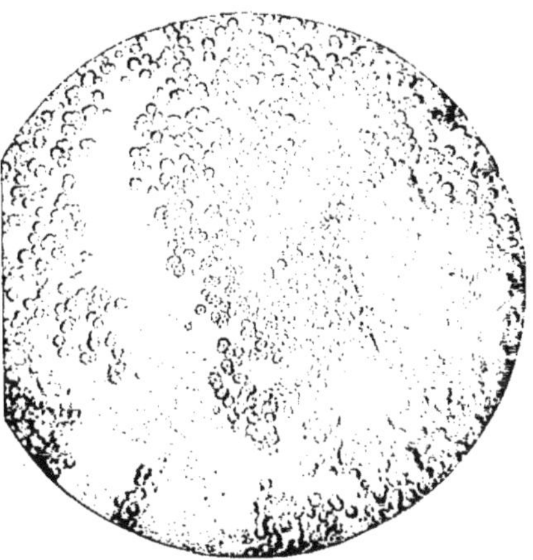

27. Carbonate de chaux diffusé dans du blanc d'œuf
(albumine). Corpuscules de Harting.

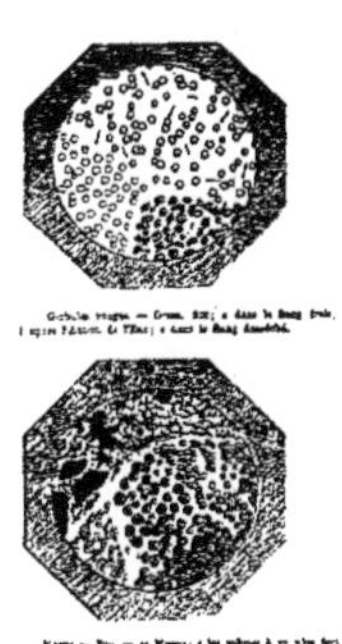

28. Globules du pus, leucocytes et globules du sang.
Analogie avec les corpuscules de Harting.

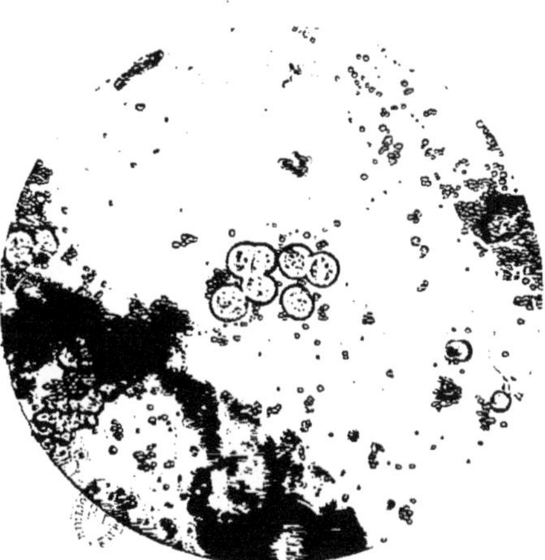

29. Carbonate de calcium diffusé dans du blanc d'œuf :
corpuscules albumino-graisseux de Harting.

(1) Les clichés micro-photographiques sont du professeur Herrera de Mexico.

30. Cellules organiques;
    coupes du corps thyroïde d'après Renaut :
  S. Espace vide par retrait de substance colloïde.
  C. Substance colloïde.
  CC. Cellules conjonctives.
  TC. Tissu conjonctif. *P.* Membrane propre.

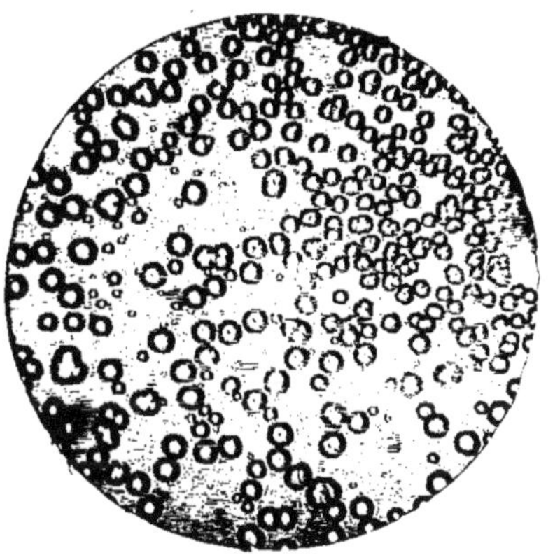

31. Carbonate de calcium diffusé avec le blan d'œuf (le colloïde organique); corpuscules de Harting dont quelques-uns soudés simulent la mitose. (1)

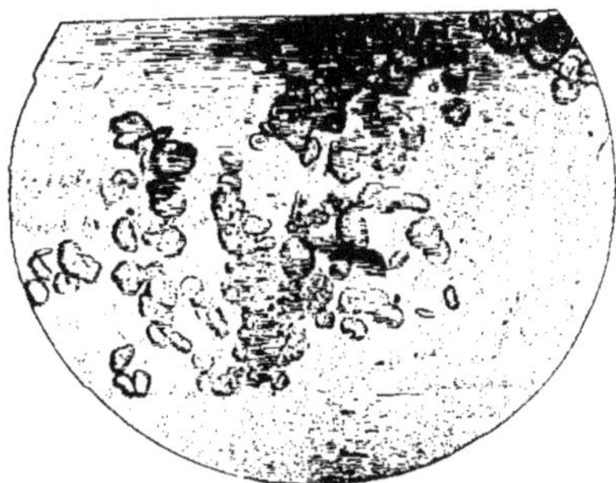

32. Corpuscules de Harting en voie de cristallisation ; passage de la cellule au cristal. (1)

33. Chlorure de calcium calciné au rouge avec du silicate de potassium et redissout dans l'eau : granulations protoplasmiques (D' BÉCHAMP) : phénomènes de pressions osmotiques; mouvements moléculaires, giratoires, précurseurs de l'organisation systématique de cellules. (1)

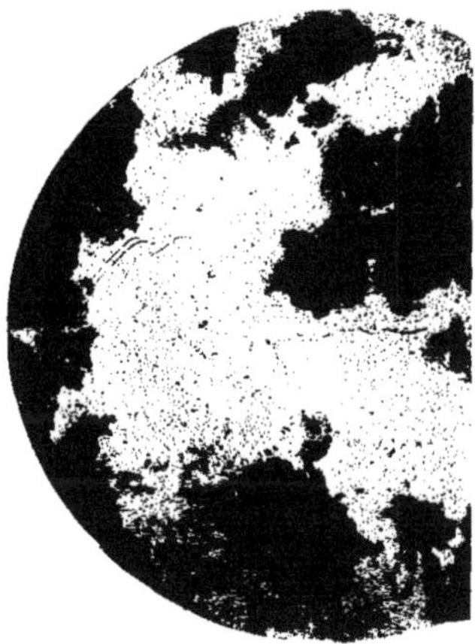

34. Chlorure de calcium diffusé sur silicate alcalin; précipité gélatineux par absorption intense d'encre de Chine.　　　(1)

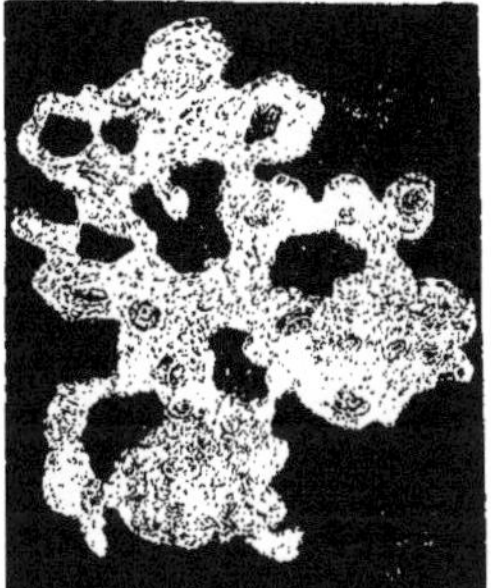

35. Protoplasme recueilli au fond de la mer : granulat'ons; noyaux, cellules et prolongements protoplasmiques.
(C. FLAMMARION.)
Comparez les n⁰ˢ 30, 31, 32, 33.

36. Chlorure de calcium sur silicates alcalins: cellules à noyaux semblables aux cellules végétales et aux leucocytes.　　　(1)

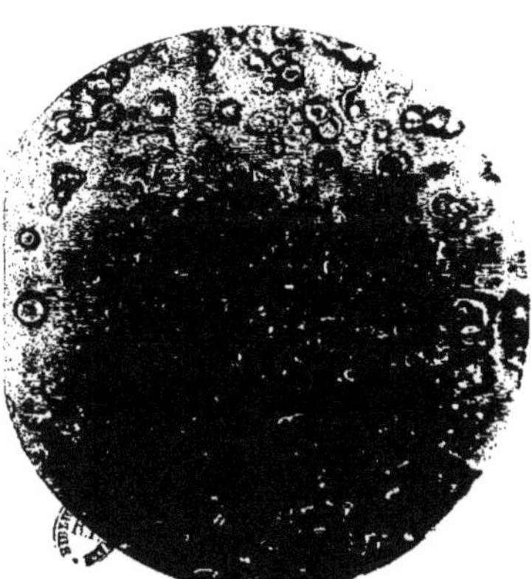

37. Chlorure de calcium sur silicates; globules; ovules.　　　(1)

(1) Les clichés micro photographiques sont du professeur HERRERA DE MEXICO.

38. Chlorure de calcium ou de magnésium sur silicate : Spirème ou peloton
chromatique dans la Karyokinèse. (1)

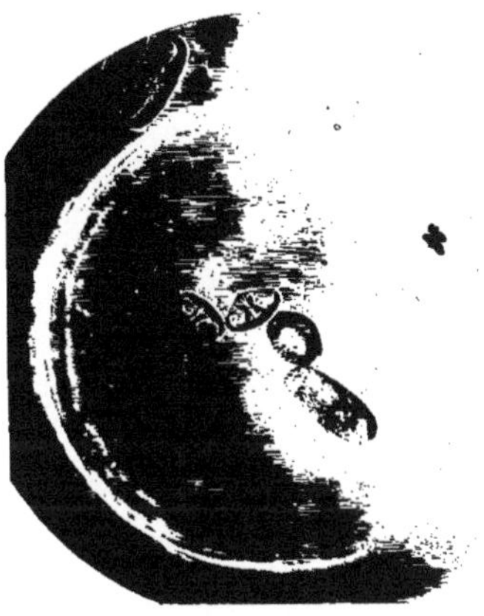

39. Chlorure de calcium et silicate de potassium ou de
sodium : astères et karyokinèse.   (1)

40. Chlorure de calcium et silicates alcalins; radiées.   (1)
Toujours et partout la génération spontanée. (Dʳ JULES FÉLIX.)

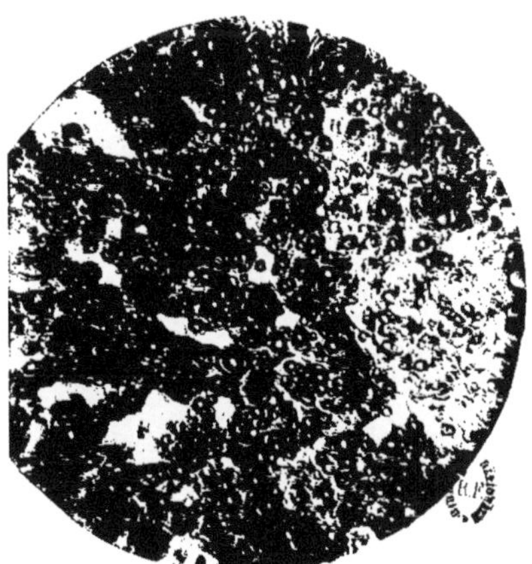

41. Chlorure de calcium et silicates; diatomées.   (1)
Les êtres sont les formes cadavériques des solutions
protoplasmiques.

(1) Les clichés micro-photographiques sont du professeur HERRERA DE MEXICO.

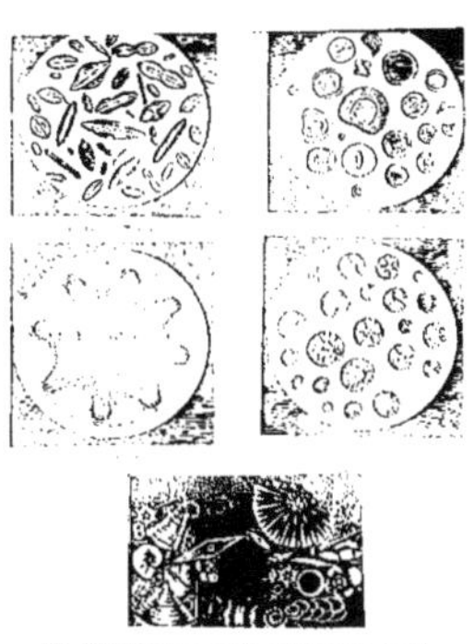

42. Diatomées de la craie (projections MOLTÉNI, Paris).

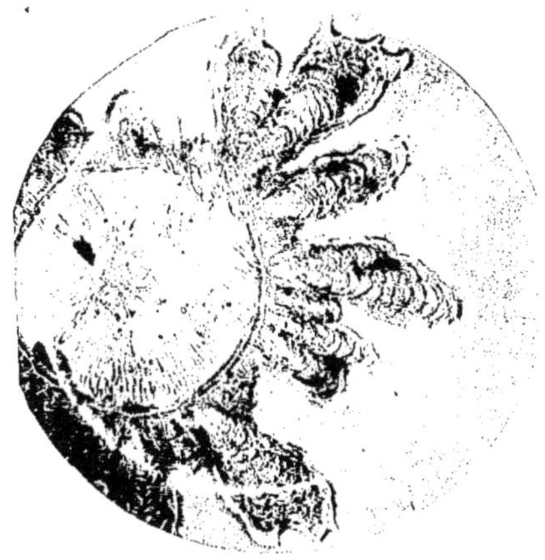

43. Chlorure de calcium et silicate; amibe; polype d'aspect madréporique. (1)

44. Madrépore artificiel formé spontanément dans une solution de chlorure d'ammonium, de sulfate de cuivre et de gouttes de sirop de sucre. (Dr S. LEDUC.)

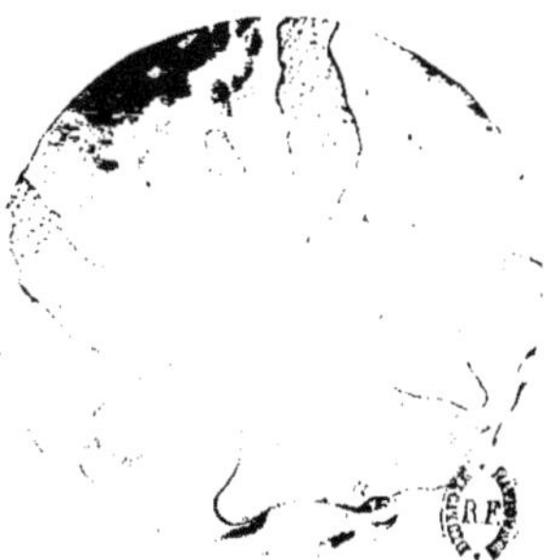

45. Amibe né spontanément dans une solution de silicate alcalin avec diffusion de chlorure de calcium. Remarquez l'identité de formes et de phénomènes physico-chimiques dans tous les organismes en formation dans les trois règnes de la nature; (minéraux, végétaux et animaux), et comparez les n^{os} des figures 43, 44, 45 et 46. (1)

1) Les clichés micro-photographiques sont du professeur HERRERA DE MEXICO.

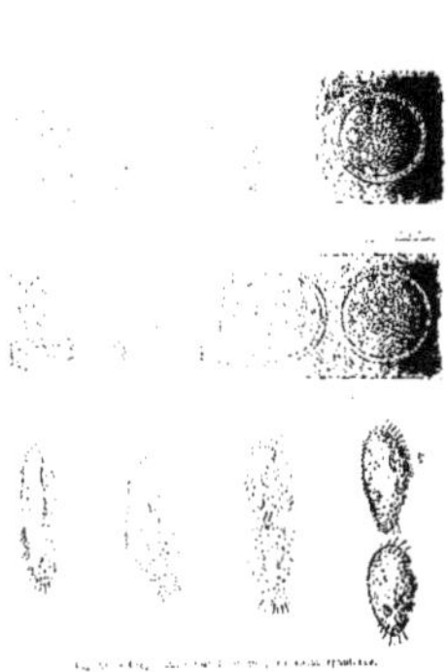

46. Premiers organisme vivants;
amibes et monères d'Haeckel (projections MOLTÉNI, Paris).

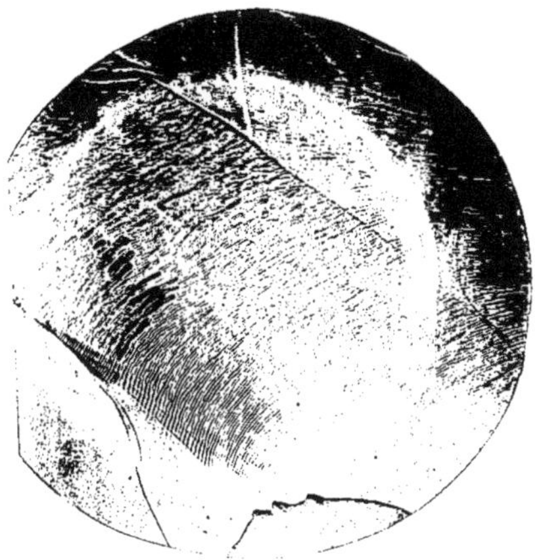

47. Chlorure de calcium en diffusion sur solution de
silicate alcalin, formation d'aspect d'un muscle strié.
(1)

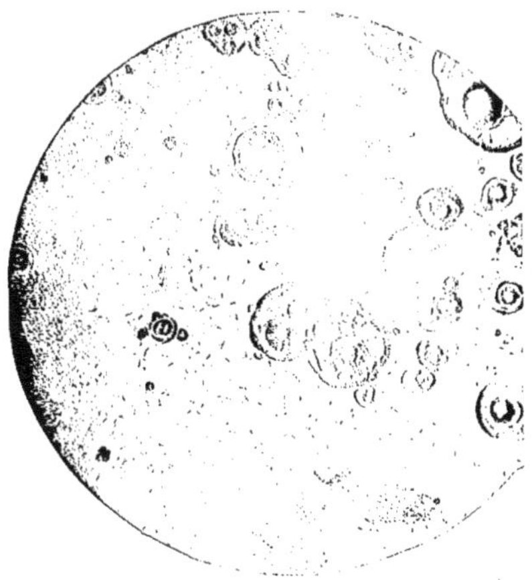

48. Chlorure de fer + gomme et silicate. Cellules et
noyaux de fer colloïdal (ferment métallique) très intéressant au point de vue physiologie et thérapeutique.] (1)

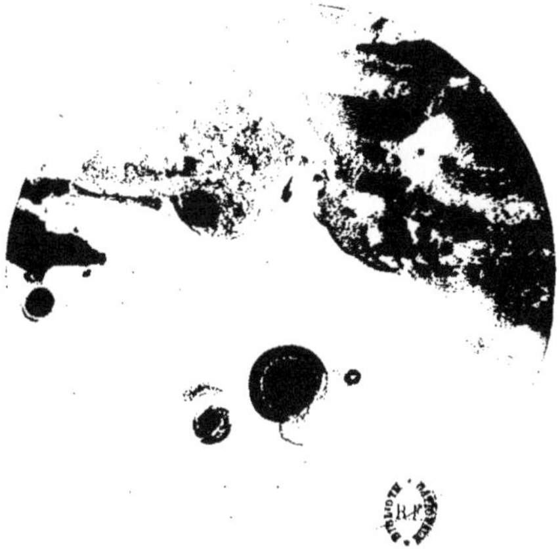

49. Chlorure de zinc en diffusion sur solution de silicate alcalin,
formation spontanée de cellules nucléées, dont une ressemble à
un ovule; spermatozoïde pénétrant dans l'ovule.   (1)
Comparez les formes des n°s 46, 47, 48, 49, aux organismes
vivants.

(1) Les clichés micro-photographiques sont du professeur HERRERA DE MEXICO.

50. Chlorhydrate d'ammoniaque + silicate.
— Asters en formation (mitose).　(1)

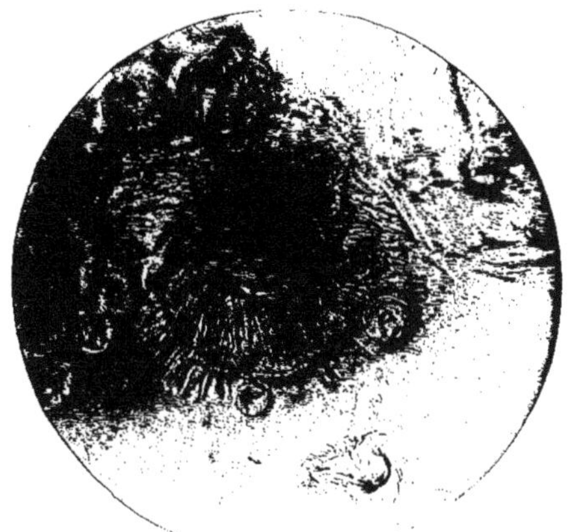

51. Eau de mer + silicate : travail d'organisation ; pression et forces osmotiques de la diffusion des deux liquides (+ et —) hypo et hypertonique.　(1)

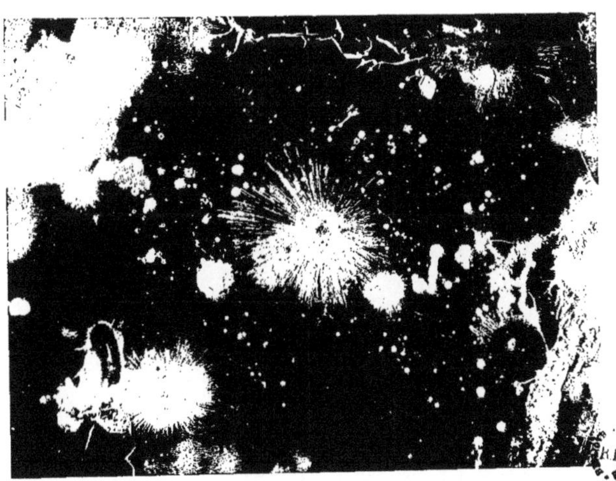

52. Eau tombant sur un verre enfumé ; ormation spontanée de pseudopodes, de cellules, de granulations protoplasmiques. Phénomènes de giration ; pressions osmotiques (lois de van 't Hoff). L'eau est le grand architecte des organismes et les organismes sont les formes cadavériques des solutions.　(1)

(1) Les clichés micro-photographiques sont du professeur HERRERA DE MEXICO.

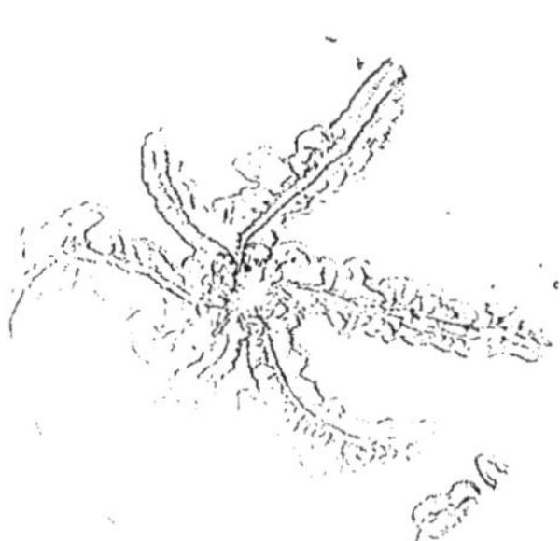

53. Cristallisation de chlorure d'ammonium dans un colloïde, la gélatine; formes amibiennes.　(Dr S. Leduc.)

54. Cristallisation de sulfate de cuivre dans la gélatine; apparition spontanée de formes végétales. Harmonie universelle.　(Dr S. Leduc.)

55. Cristallisation de sulfate de cuivre dans la gélatine. Ces trois figures (nos 53, 54 et 55), montrent bien l'effet morphogénique de la cristallisation d'un sel dans une solution colloïde, d'albumine, de gélatine ou de silice. La solidification (Plasmogenèse) dans un mélange de solutions colloïde et cristalloïde donne toujours des formes déterminées qui ne sont plus celle des cristaux, mais celles des êtres inférieurs vivants, les amibes, etc.　(Dr S. Leduc.)

56. Algues marines naturelles; à comparer avec les figures nos 54 et 55 : identité de formes, de croissance et de développement physiologique, c'est-à-dire physico-chimique.　(Dr Jules Félix.)

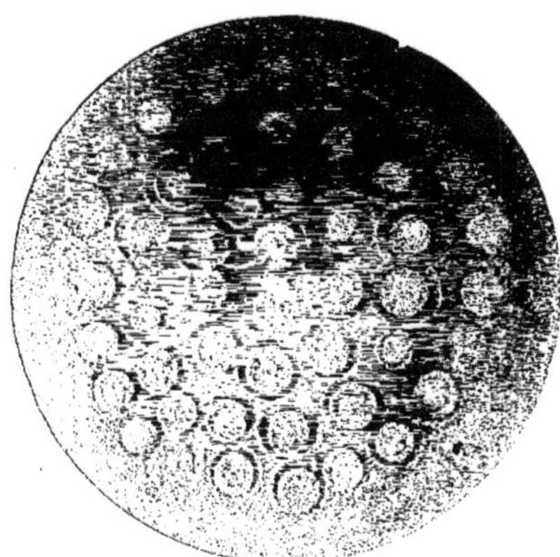

57. Gouttes d'eau diffusées sur carbonate de chaux en poussière dans l'eau; cellules spontanées; gravitation. (1)

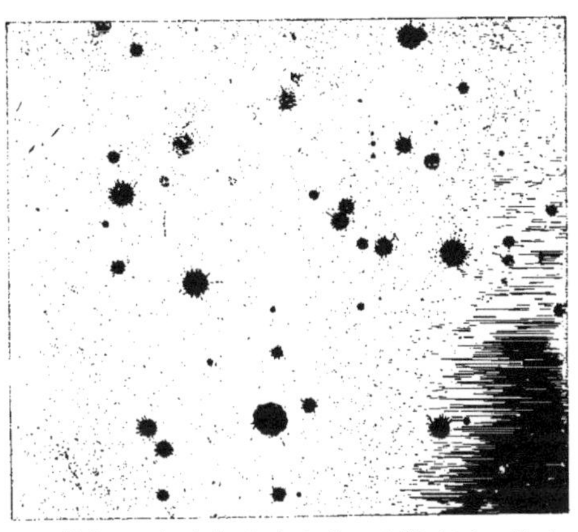

58. Gouttes de solution de nitrate d'argent diffusées dans silicate alcalin : formation spontanée de radiées. (1)

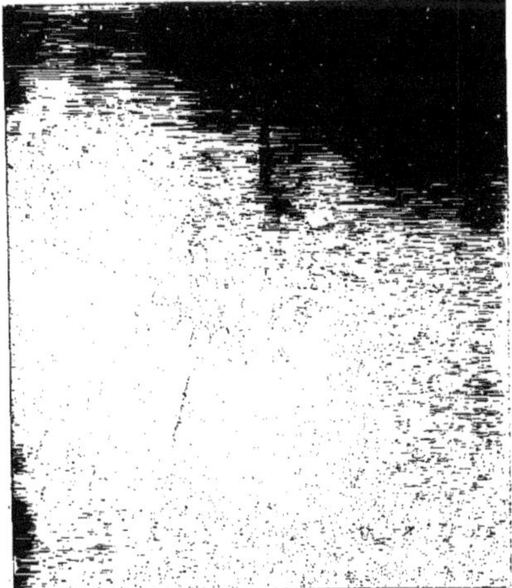

59. Nitrate d'argent diffusé sur du silicate de soude; forme spontanée d'amibe. (1)

60. — Nitrate d'argent diffusé sur du silicate de soude : formation spontanée d'un pseudo-parenchyme végétal. (1)

(1) Les clichés micro-photographiques sont du professeur Herrera de Mexico.

61. Nitrate d'argent diffusé sur silicate de soude; plis, volutes, loi de Van t' Hoff.   (1)

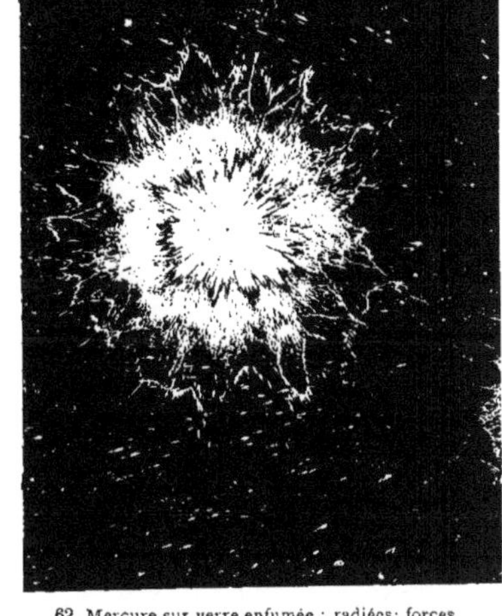

62. Mercure sur verre enfumée : radiées; forces vives, osmotiques; gravitation, mouvements centripète et centrifuge.   (1)

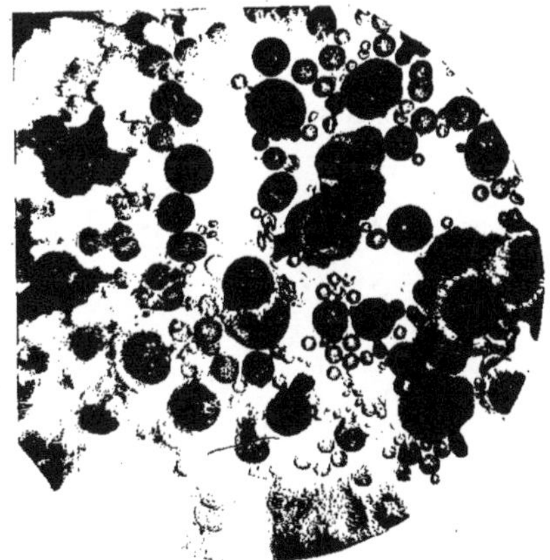

63. Sulfate de fer sur silicate de potasse : cellules de fer collodial ; le silicate fait l'office de colloïde.   (1)
Ceci explique l'action thérapeutique des ferments métalliques d'après ALBERT ROBIN : activité protoplasmique, plasmogenèse, phagocytose, etc., qui ne sont que des phénomènes physico-chimiques.   (Dr JULES FÉLIX.)

64. Sulfate de fer sur silicate alcalin : formation spontanée de tubes articulés; osmose et plasmogenèse.   (1)

(1) Les clichés micro-photographiques sont du professeur HERRERA DE MEXICO.

65. Sulfate de fer + silicate : membrane ; tissu en formation ; cellules et noyaux protoplasmiques.   (1)

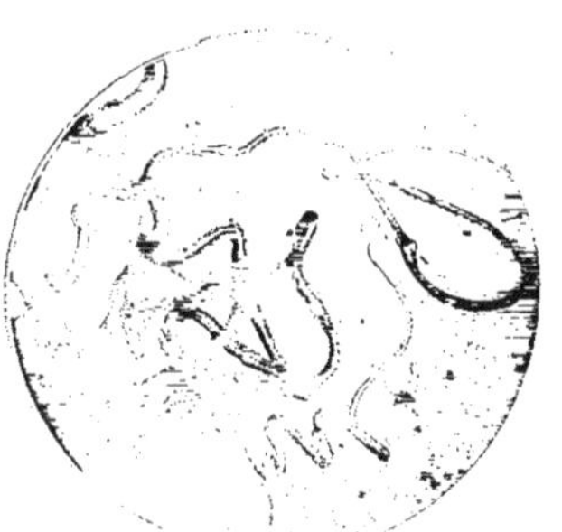

66. Sulfate de fer + silicate : spirème ou peloton cellulaire, première phase de la mitose.   (1)

67. Silicate sur formaline : pseudo-infusoires.   (1)

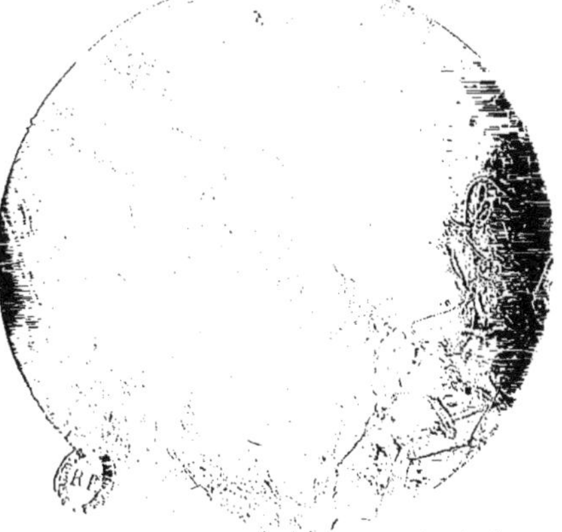

68. Silicate sur formaline : pseudo-spermatozoaires durcis.   (1)

(1) Les clichés micro-photographiques sont du professeur HERRERA DE MEXICO.

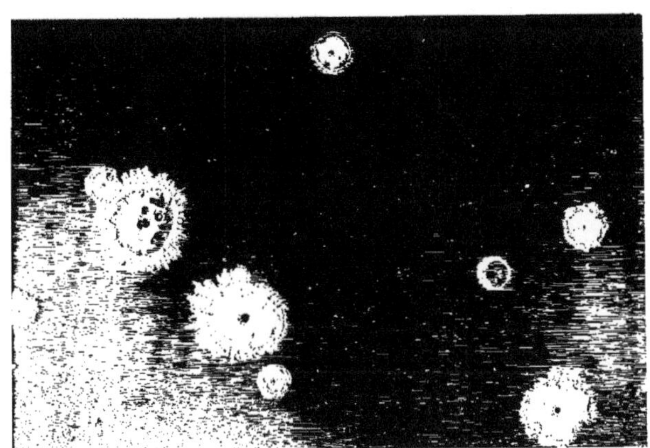

69. Silicate tombant sur verre enfumé et donnant naissance à des cellules, noyaux, nucléoles; mouvement giratoire, atmosphère radiante, semblable à la photosphère du soleil.
(1)

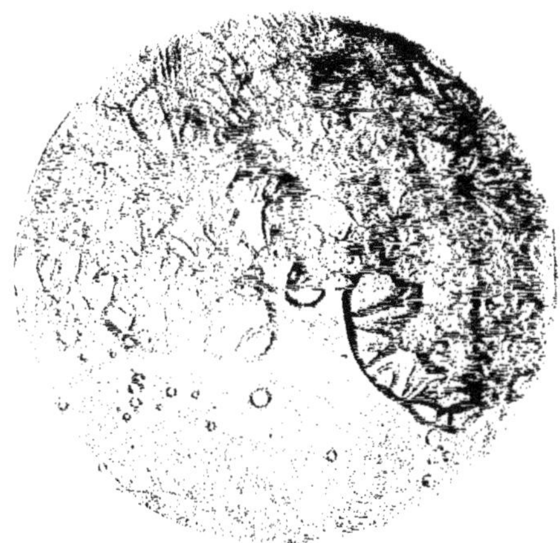

70. Silicate coagulé et durci sur des bulles de vapeur d'eau, puis desséché à la lampe : pression osmotique, gaz. Loi de Van 't Hoff. (1)

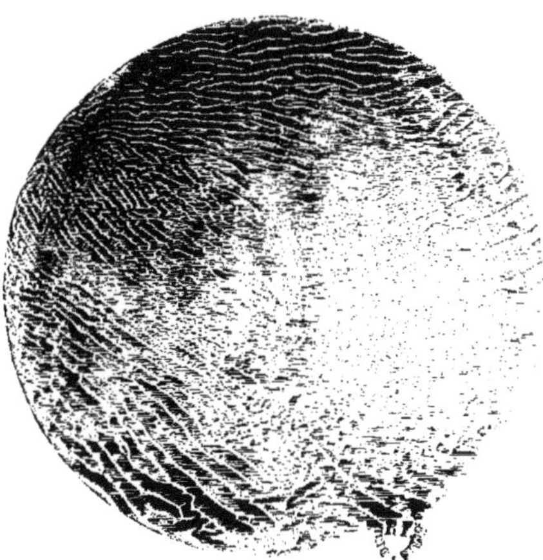

71. Silicate desséché à la lampe sans réactifs; tissu d'écailles admirable. (1)

(1) Les clichés micro-photographiques sont du professeur HERRERA DE MEXICO.

72. Silicate gélatineux comprimé entre deux verres : formation spontanée d'amibe. (1)

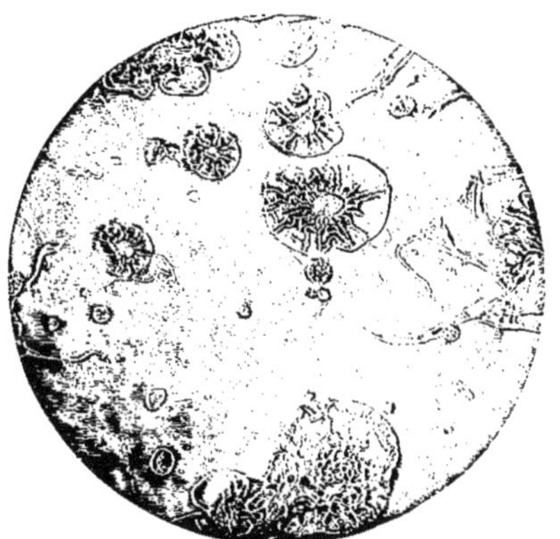

73. Silicate diffusé sur acide acétique : formation spontanée de cellules à noyaux ; de membranes. (1)

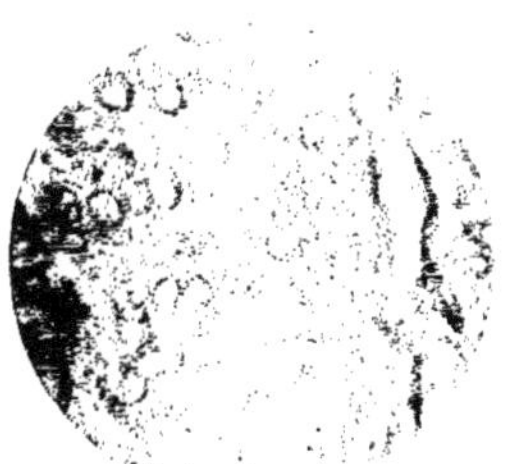

74. Silicate sur acide formique : formation de globules de graisse ; de membrane ressemblant au tissu graisseux animal. (1)

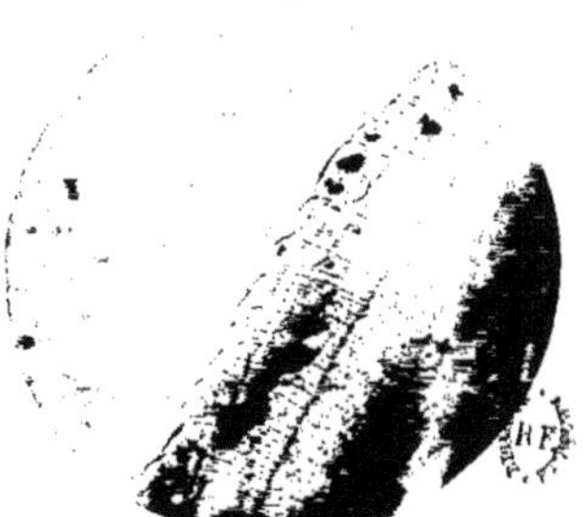

75. Silicate sur acide acétique : Epithélium pavimenteux ; admirable imitation de formes. (1)

(1) Les clichés micro-photographiques sont du professeur HERRERA DE MEXICO.

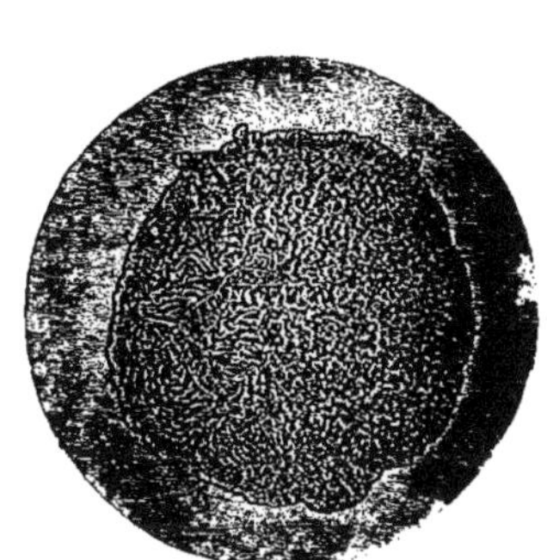

76. Silicate diffusé sur acide acétique :
membrane différenciée. (1)

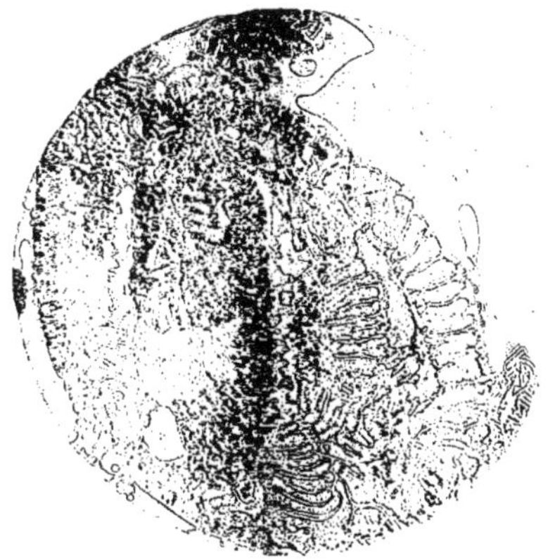

77. Atomisation de silicate alcalin sur acide acétique :
formation spontanée semblable à une coupe de tissu végétal.
(1)

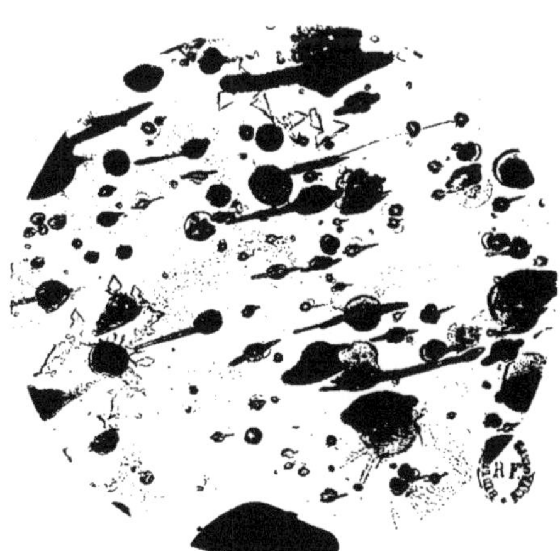

78. Silicate sur solution acide précipitante : formes de bacilles
tétaniques. (1)

1) Les clichés micro-photographiques sont du professeur HERRERA DE MEXICO.

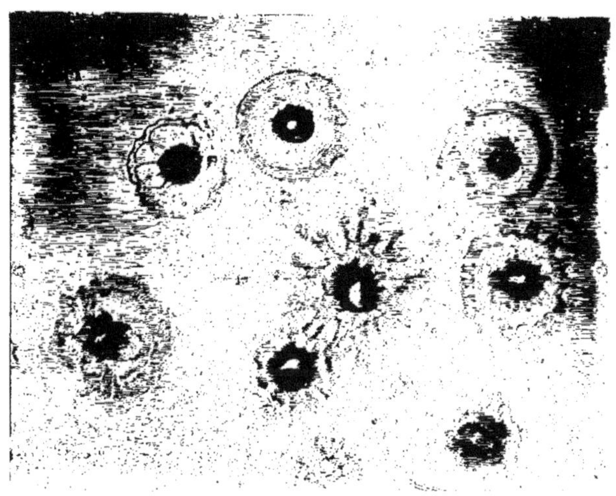

79. Silicate alcalin diffusé sur acide acétique : pseudopodes; amibes.   (1)

80. Gouttes de sulfhydrate d'ammoniaque diffusées sur solution
de nitrate acide de mercure : génération spontanée de pseudo-
monères.   (1)

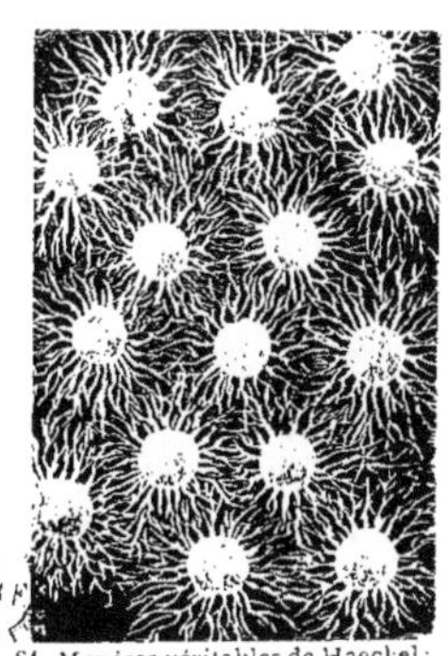

81. Monères véritables de Haeckel;
Comparez les figures 80 et 81.

(1) Les clichés micro-photographiques sont du professeur Herrera de Mexico.

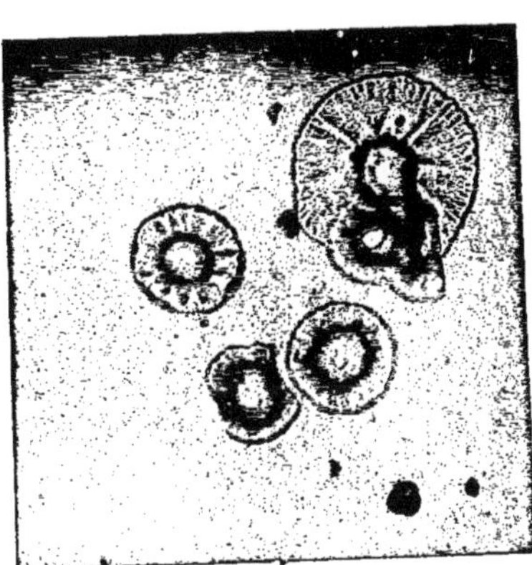

82. Silicate sur acide acétique : formes d'œufs
d'helminthes.   (1)

83. Silicate alcalin sur alcool : cellules nerveuses multipolaires.
                                        (1)

84 et 85. Silicate alcalin diffusé sur de l'alcool : formes spontanées des cellules nerveuses multipolaires : au centre,
corps de la cellule ; prolongement cylindre-axe et prolongements protoplasmiques de Golgi. Tous les éléments constitutifs
de la cellule nerveuse de la moëlle y sont figurés.   (1)

(1) Les clichés micro-photographiques sont du professeur HERRERA DE MEXICO.

86. Silicate alcalin sur alcool : autre groupe de formes de cellules multipolaires; on y voit même les dentrites de Golgi. (1)

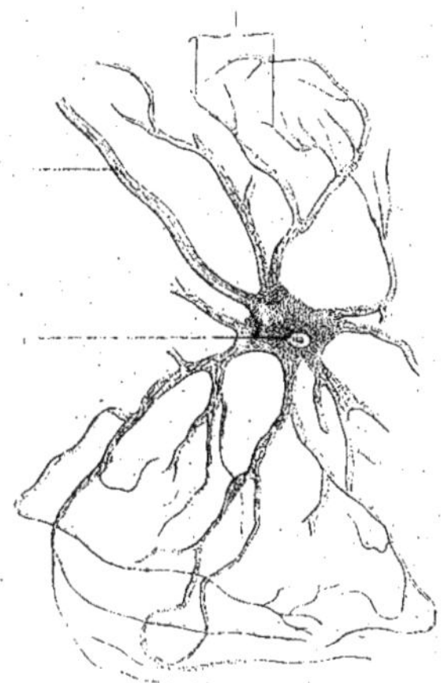

87. Cellule naturelle multipolaire de la moëlle. (HENRI BEDDAL.; histologie.)

88. Cellules nerveuses de la moëlle, photographie à comparer avec les nᵒˢ 83 à 90. (MOLTENI.)

89. Silicate diffusé sur alcool : formes spontanées de neurones. (1)

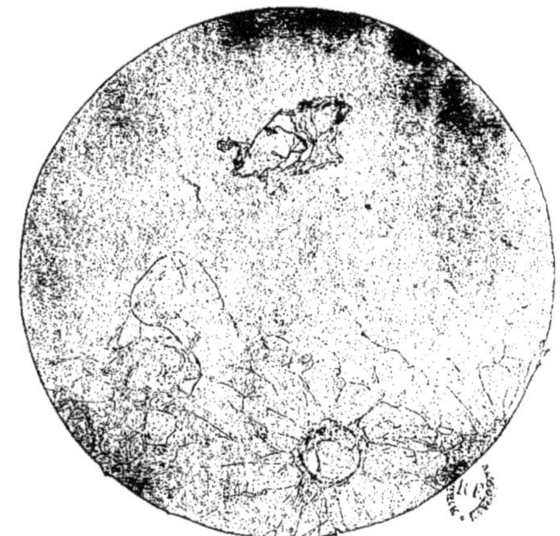

90. Silicate diffusé sur alcool : formes de cellules polygonales semblables à celles du cerveau. (1)

Nota : HERRERA m'a demandé si ces neurones avaient pensé ?

J'ai répondu : Pourquoi pas, puisqu'ils vivent; que tout ce qui vit pense, puisque la pensée n'est qu'un acte réflexe, un phénomène physique de la cellule, provoqué, causé par l'impression, l'influence du milieu ambiant, externe, dans des circonstances spéciales ou particulières; l'homme n'agit point, mais il réagit, a dit avec raison le professeur KRAFT. (Dr JULES FÉLIX.)

(1) Les clichés micro-photographiques sont du professeur HERRERA DE MEXICO.

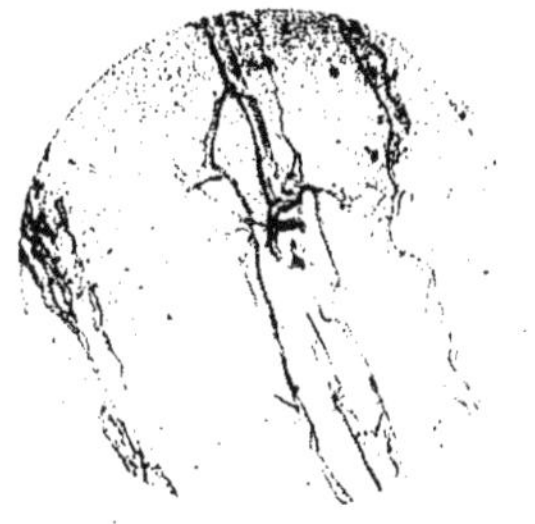

91. Silicate atomisé sur éther; formes
de fibres nerveuses.   (1)

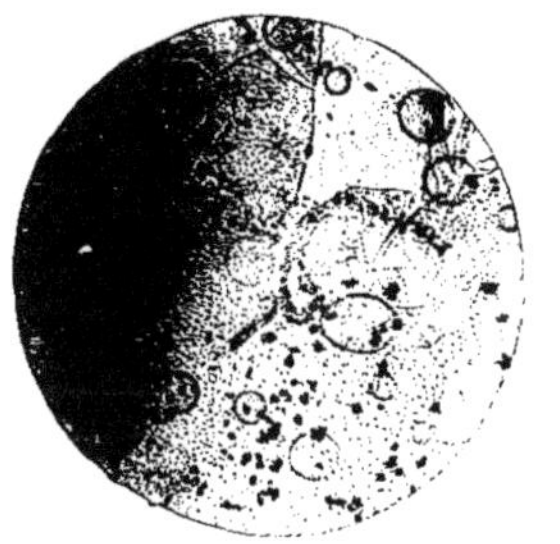

91. Silicate sur alcool; formes spontanées de microbes et leucocytes.
                                        (1)

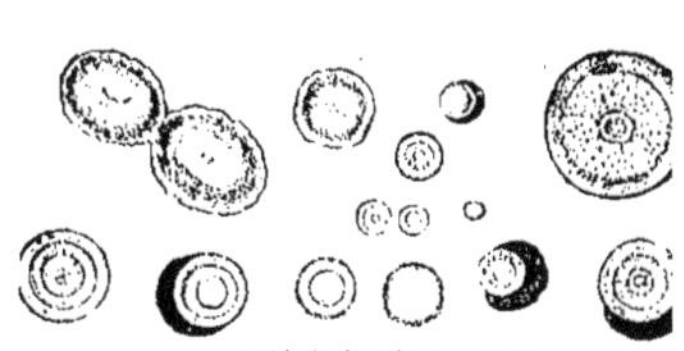

92. Colonies de microbes du choléra. (photogra-
phie); comparez les figures n°s 91, 92 et 93; l'identité
morphogénique est manifeste et admirable.
                              (Dr Jules Félix.)

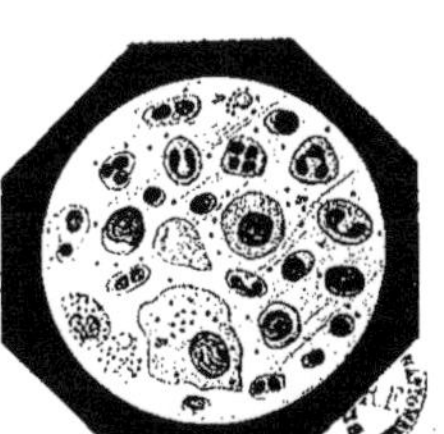

93. Véritable microbe de la ménin-
gite cérébro spinale (méningocoque de
Weichselbaum). Comparez les figures
n°s 91, 92, 93 et 94.

(1) Les clichés micro-photographiques sont du professeur Herrera de Mexico.

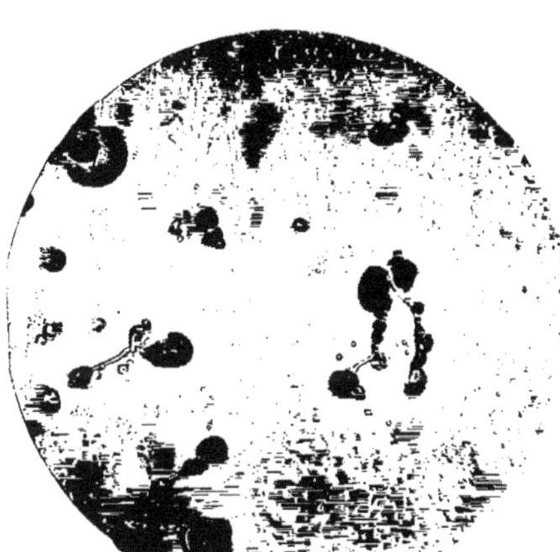

94. Silicate diffusé sur alcool : pseudo corpuscules de Bra.
chez les épileptiques.   (1)

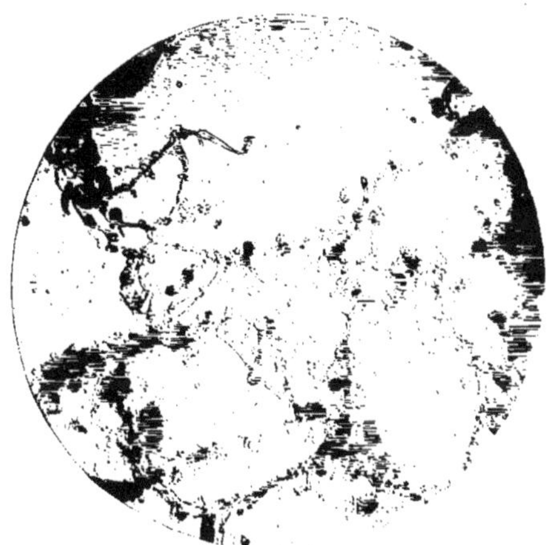

95. Silicate sur alcool : mycélium fructifère durci.   (1)

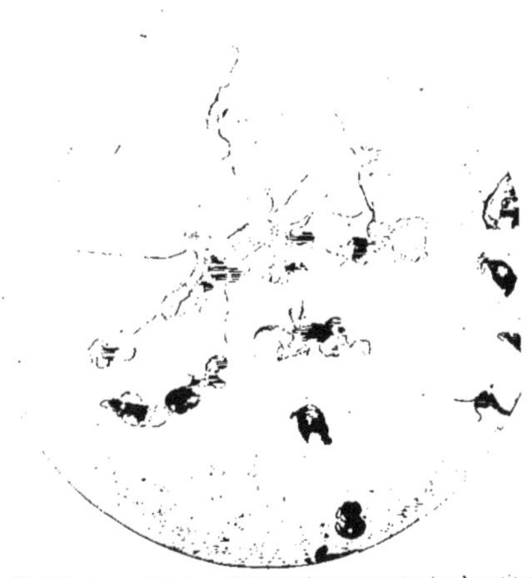

96. Silicate sur alcool : amibites ou formes spontanées de petites
amibes.   (1)

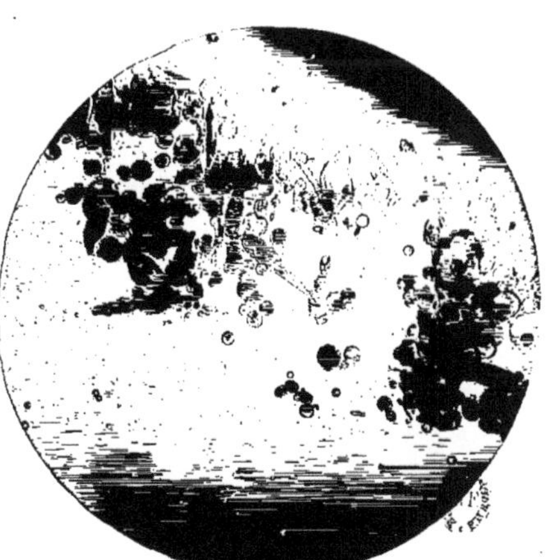

97. Silicate sur alcool : formes d'infusoires durcis ; très curieux
cas de morphogénie spontanée.   (1)

(1) Les clichés micro-photographiques sont du professeur HERRERA DE MEXICO.

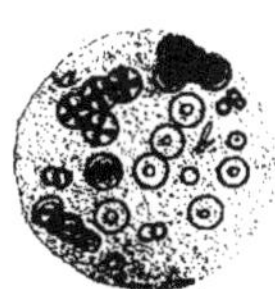

98. Silice colloïde avec solution de chlorure de chaux et de bicarbonate de soude : formes spontanées de cellules et de cristaux d'après Von Schroen.
(1)

99. Charpentes silicieuses des corpuscules de Harting.   (1)

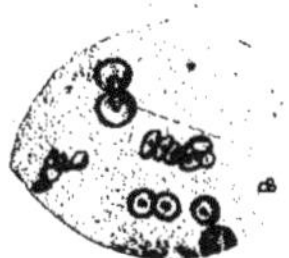

100. Reproduction des cellules dans la silice en diffusion avec le chlorure de calcium et le bicarbonate de soude.   (1)

101. Silicate de potasse à 1°,40 diffusé avec solution de bicarbonate de chaux : cellules et cristaux à charpentes siliciques.
(1)

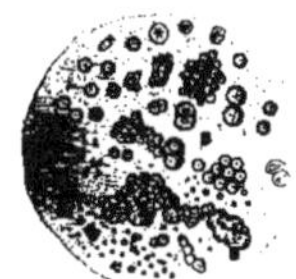

102. Chlorure de calcium et bicarbonate de soude diffusés dans silicate alcalin à 3°,5 : cellules en mitose; sphéro-cristaux de Harting; microcoques, granulations, etc.   (1)

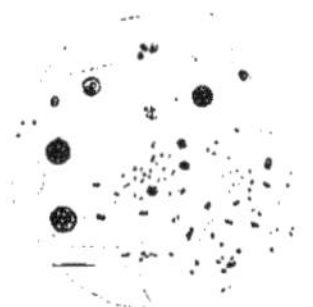

103. Silicate alcalin très délué sur solution de bicarbonate de soude et de chlorure de chaux : corpuscules de Harting persistant après une longue incinération qui n'empêche pas l'organisation cellulaire et spontanée.
(1) .

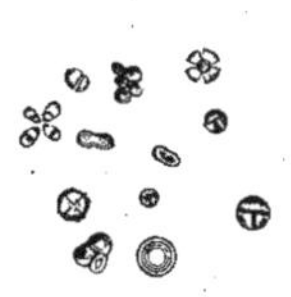

104. Silice diffusée sur solution de ferro-cyanure de sodium et chlorure de calcium : capsules et sphéro-cristaux où l'on voit bien l'influence de la gravitation universelle, la divinité créatrice des êtres de l'univers éternel.
(Dr JULES FÉLIX.)

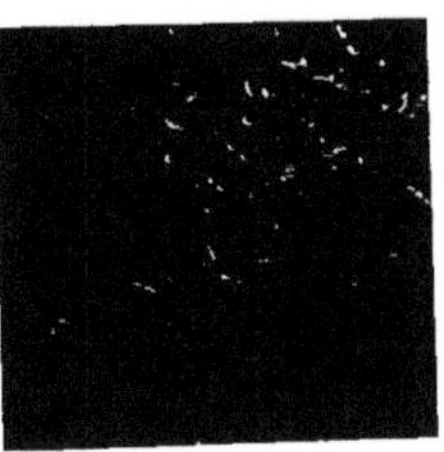

105. Microbes spontanément développés dans la silice colloïde dans le dialiseur.
La silice est le colloïde universel.
Les formes microbiennes ne prouvent pas la virulence des microbes.   (Dr JULES FÉLIX.)

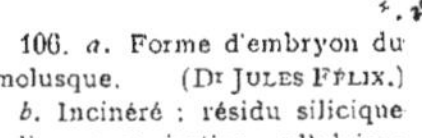

106. a. Forme d'embryon du molusque.   (Dr JULES FÉLIX.)
b. Incinéré : résidu silicique salin ; organisation cellulaire ; gravitation, plasmogenèse.
(1)

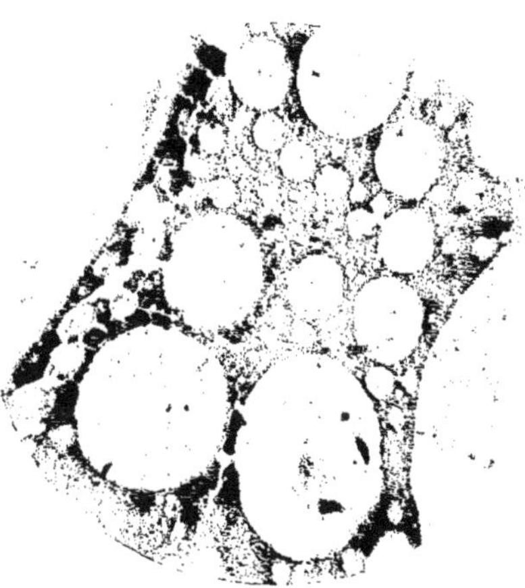

107. Silicate de potasse gélatineux incinéré : structure sphéro-lithique de Butschli, très commune dans les résidus d'incinération de tissus et des cellules des végétaux et des animaux.　　(1)

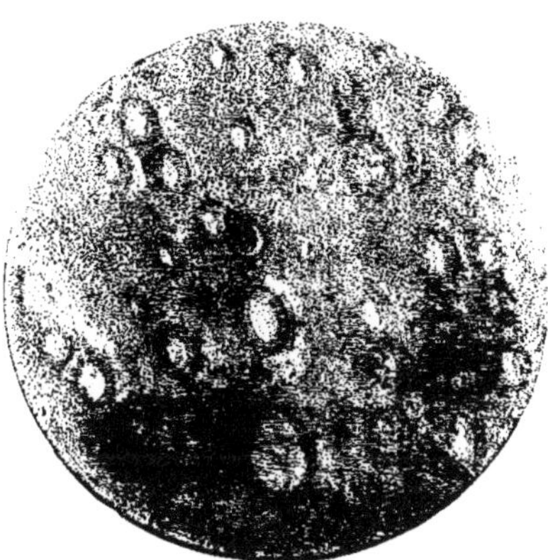

108. Pelure d'oignon désséchée et incinérée lentement sur une plaque de platine : résidu inorganique de silice, de phosphates et de carbonate de chaux. La silice est le colloïde universel des trois règnes de la nature.　　(1)

109. Blanc d'œuf incinéré : couvercles et écailles de silice. Les albumines, les ferments, les graisses seraient des compo-sés silico-organiques; partout et toujours l'incinération découvre l'existence de la silice.　　(1)

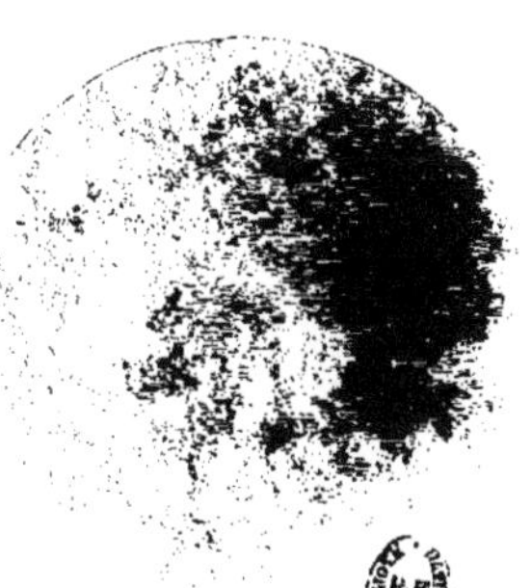

110. Emulsion d'eau et d'huile calcinée : résidu silicique conservant l'aspect mousseux. La silice est la cause des anneaux et des croix de Malte des corpuscules de Harting et des oléates vus à la lumière polarysée.　　(1)

(1) Les clichés micro-photographiques sont du professeur Herrera de Mexico.

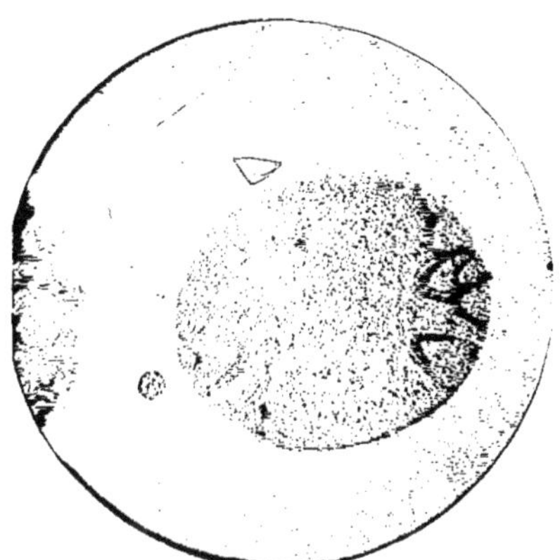

111. Silicate de potasse, à 2° Baumé, calciné et durci sur des bulles de vapeurs d'eau : pseudo-cellules, granulations rappelant les microzymas d'après Pouchet et Béchamp. (1)

112. Silicate de potasse diffusé sur éther et calciné ensuite : granulations durcies, comme des cristallisations imparfaites. Ce silicate à 2° Beaumé, donne des cellules nucléées dues à la pression osmotique et à l'action colloïde de la silice. (1)

113. Silice colloïde desséchée : pseudo-organismes et tissus formés spontanément ; pressions osmotiques et plasmogenèse. Lois de Leduc et de van 't Hoff. (1)

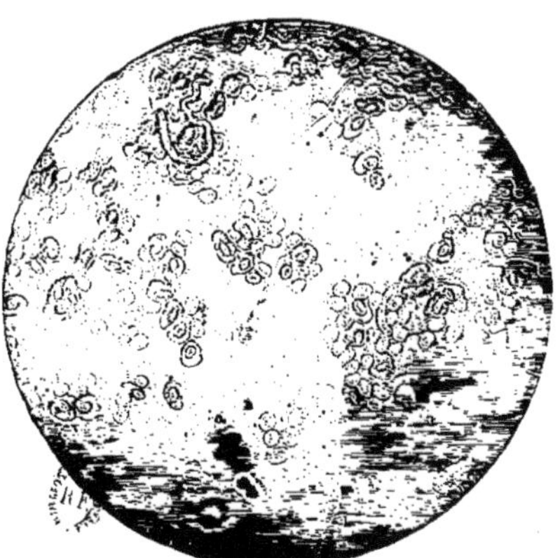

114. Globules du sang de grenouille sans aucune préparation, avant l'incinération.
Grossissement + 200.

Nota : Toutes ces figures sont plus intéressantes encore, vues à la loupe. (Dr JULES FÉLIX.)

(1) Les clichés micro-photographiques sont du professeur HERRERA DE MEXICO.

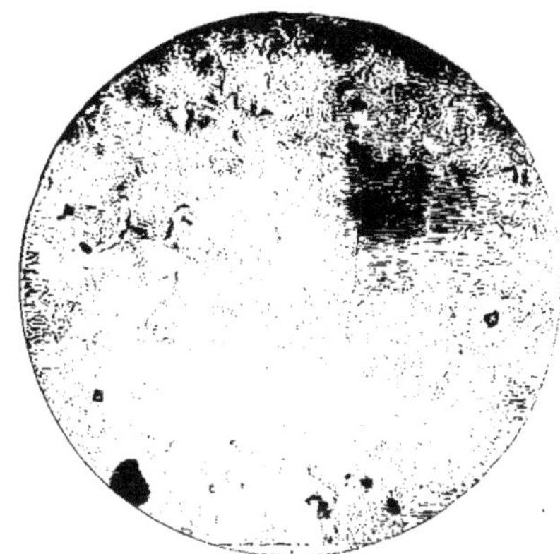

115. Globules du sang de grenouille incinéré : résidu silicique, phosphatique, salin. La grenouille serait un composé silico organique.
Grossissement + 230. (1)

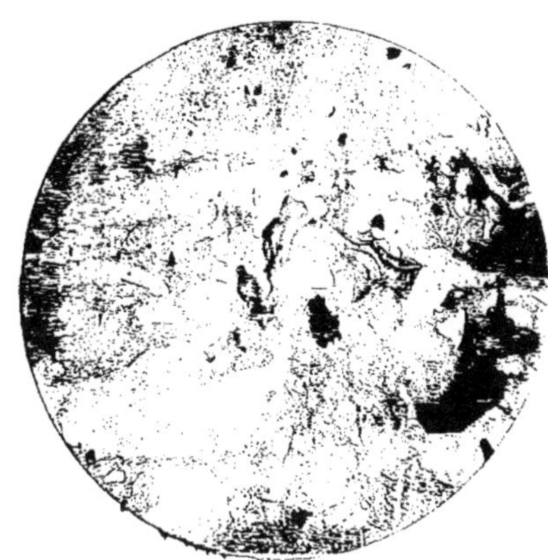

116. Estomac de grenouille incinéré : silice et sels calcaires. L'incinération n'empêche pas l'organisation cellulaire ni la plasmogenèse, pas plus dans les êtres terrestres que dans les astres. (1)

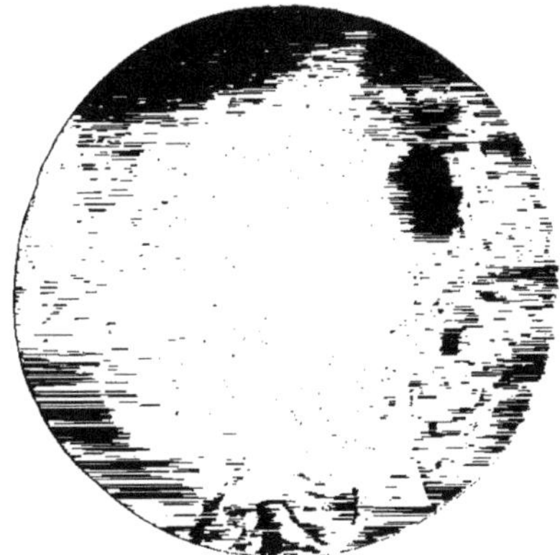

117. Muscles de cuisse de grenouille : résidu silicique salin ; silice abondante. Vus au microscope les muscles frais et vivants semblent formés de silice gélatineuse à structure fixe ; stries égales à celles des silicates coagulés ; voir nº 47 de l'atlas. (1)

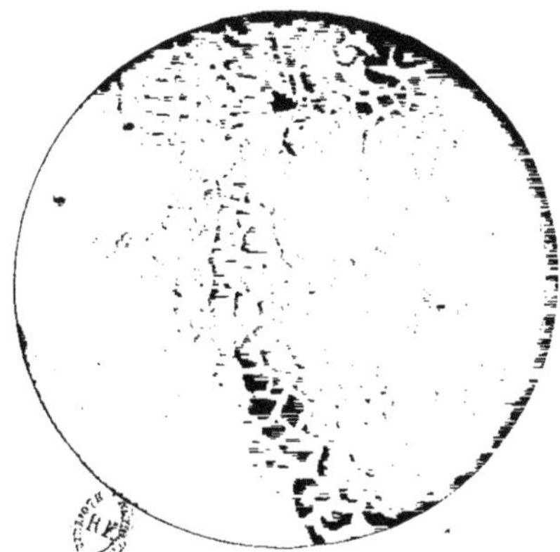

118. Cristallin de grenouille incinéré, résidu silicique, salin ; écailles de silice, carbonates calcaires. La silice est le colloïde universel auquel l'albumine doit ses propriétés. (1)

(1) Les clichés micro-photographiques sont du professeur HERRERA DE MEXICO.

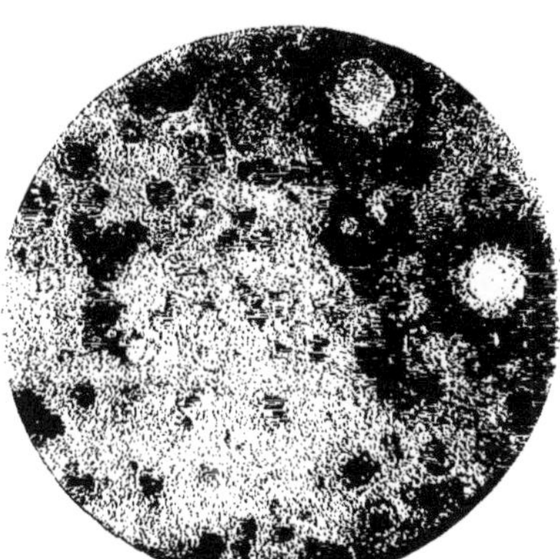

119. Muscles d'axolote (siredon mexicanus) frais et vivants,
remplis de flocons siliciques et granuleux, très semblables
aux flocons siliciques fins. Grossissement + 230.

Cette abondance de silice dans tous les tissus de ce batra-
cien expliquerait ses facultés surprenantes de régénération
par plasmogenèse. (1)

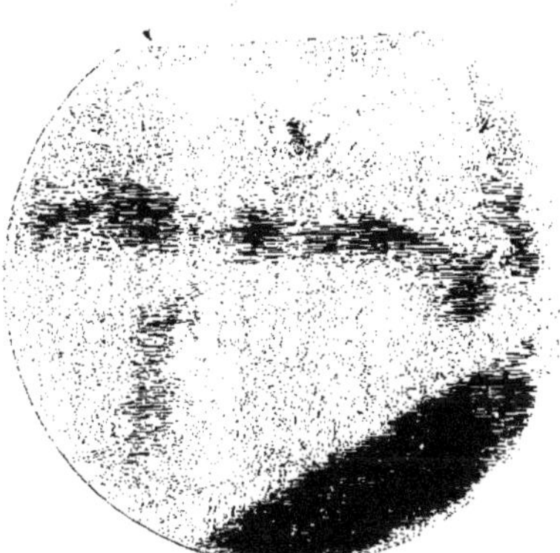

120. Hématies d'axolote très bien conservés après incinération de plusieurs heures. Les parties obscures du cliché sont
carbonisées; les parties claires sont *incinérées* et présentent
l'aspect d'organisation cellulaire. (Voir à la loupe.) (1)

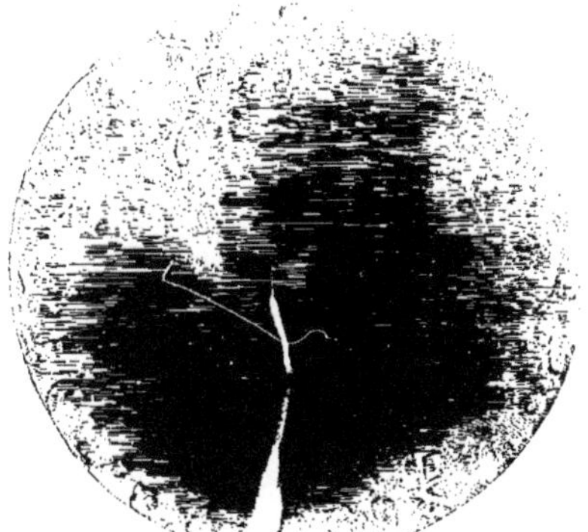

121. Sang de taureau incinéré : silice et sels; comparez
avec les cendres d'hématies de grenouille ou d'axolote; voir
les nos 112 à 122. (1)

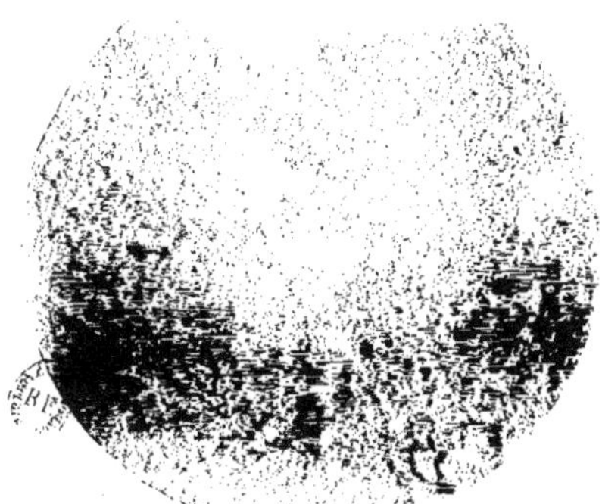

122. Salive humaine incinérée : résidu et écailles de silice;
organisation de cellules et cristallisation imparfaites. La
salive renferme 0,015 de silice d'après les auteurs, ce qui
explique sa viscosité. (1)

(1) Les clichés micro-photographiques sont du professeur HERRERA DE MEXICO.

123. Silicate à 11° Baumé diffusé avec bicarbonate de sodium :
pseudo-protoplasme granuleux,
que Von Schroen appelle *pétroplasme*.   (1)

124. Chlorure de nickel dans
solution de silicate alcalin :
pseudo-plantes de Traube durcies.   (1)

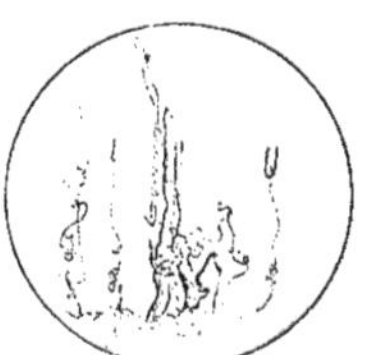

125. Silicates métalliques : formation de plantes de Traube.
                            (1)

126. Plantes minérales de Traube et de Leduc
nées spontanément dans une solution de silicate
alcalin.   (1)

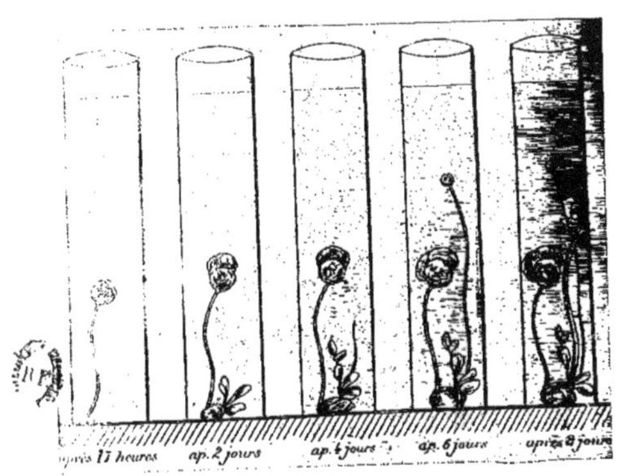

127. Plantes minérales, selon Loucheux. (Voir Cosmos du
12 janvier 1907, page 33.) D'après Herrera elles seraient formées
de silicate de cuivre et non de ferro-cyanure, qui d'après la fabri-
cation renferme toujours des silicates.

Les clichés micro-photographiques sont du professeur Herrera de Mexico.

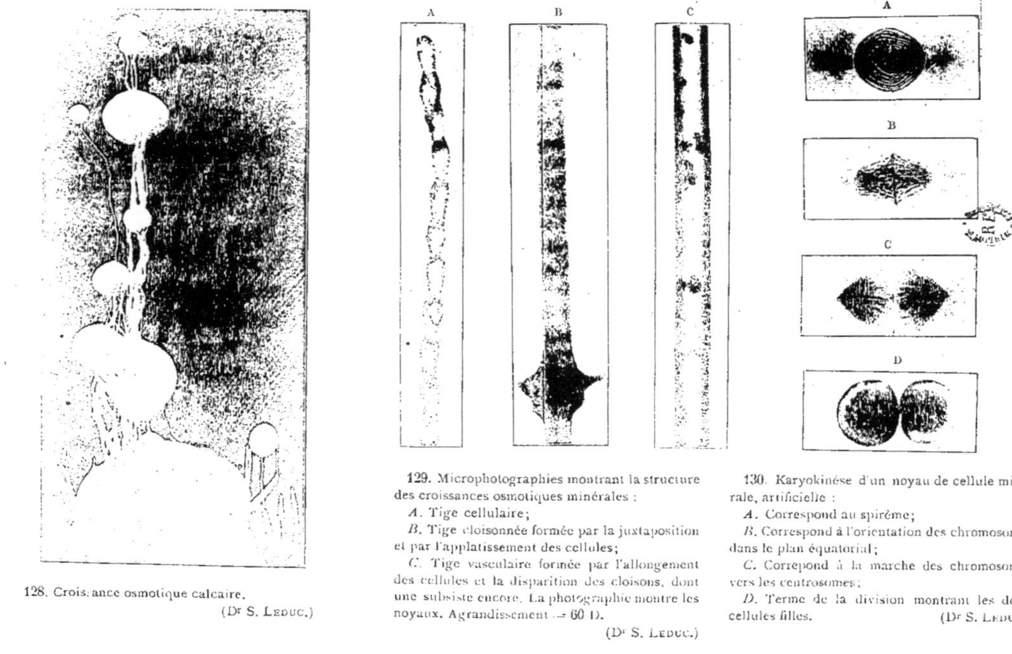

128. Croissance osmotique calcaire.

(Dr S. LEDUC.)

129. Microphotographies montrant la structure des croissances osmotiques minérales :

A. Tige cellulaire;

B. Tige cloisonnée formée par la juxtaposition et par l'applatissement des cellules;

C. Tige vasculaire formée par l'allongement des cellules et la disparition des cloisons, dont une subsiste encore. La photographie montre les noyaux. Agrandissement — 60 D.

(Dr S. LEDUC.)

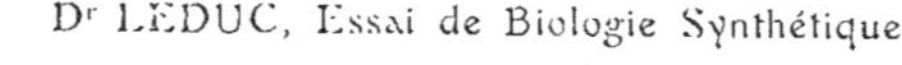

130. Karyokinése d'un noyau de cellule minérale, artificielle :

A. Correspond au spirème;

B. Correspond à l'orientation des chromosomes dans le plan équatorial;

C. Correpond à la marche des chromosomes vers les centrosomes;

D. Terme de la division montrant les deux cellules filles.

(Dr S. LEDUC.)

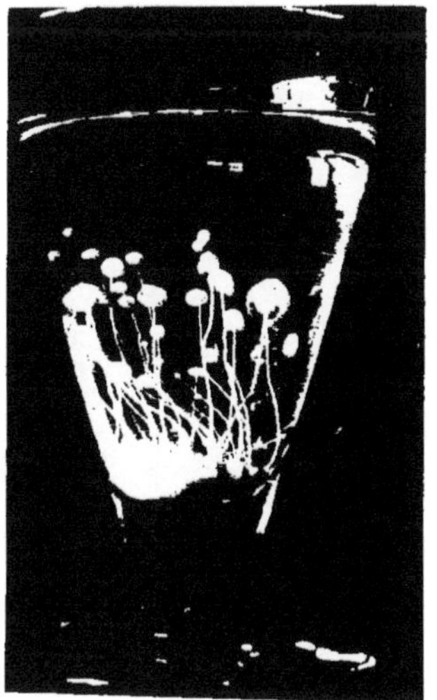

131 et 132. Croissances osmotiques minérales, avec organes terminaux sphériques. (1/3 de la grandeur réelle.) (Dr S. Leduc.)

133. Croissance osmotique minérale et spontanée, à organes terminaux piriformes; véritable grandeur. Cette croissance émane d'une seule graine minérale de trois millimètres de diamètre et pèse cinq cents fois le poids de la graine initiale. (Dr S. Leduc.)

131. Buisson de croissance osmotique émané d'une seule graine minérale de trois millimètres de diamètre ;
vraie grandeur de la plante en buisson. Les graines de Leduc, de 2 à 3 millimètres de diamètre et pesant
2 à 3 centigrammes, sont composées de 1/3 de sucre, 2/3 de sulfate de cuivre. Elles sont semées dans un
liquide à 40° composé de 100 parties d'eau, 10 à 20 parties de gélatine en solution à 10 °/o ; 5 à 10 parties de
solution saturée de ferro-cyanure de potassium et 5 à 10 parties de solution de chlorure de sodium. Les
nombreuses tiges peuvent dépasser 40 centimètres de hauteur.

(Dr S. LEDUC, Essai de biologie, synthétique. — 1908.)

135. Croissance osmotique minérale et spontanée.

La main à droite tient une graine semblable à celle d'où est poussée la plante minérale et permet d'apprécier les dimensions de celle-ci. (Dr S. Leduc.)

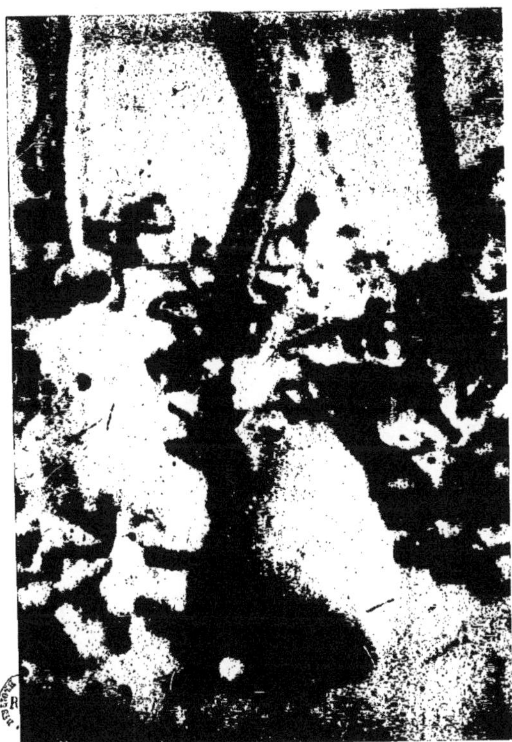

136. Tiges, feuilles et organe terminal fructiforme d'une croissance osmotique agrandie quatre fois.

Ces croissances peuvent aussi se développer et dépasser 40 centimètres de hauteur dans presque tous les sels solubles, surtout les sels de calcium et particulièrement dans un mélange de silicate alcalin de 30°, deux parties de solution saturée de carbonate de sodium ou d'une partie de phosphate de potassium ou de sodium. (Dr S. Leduc.)

Trois Xenophyophora (E.-F. Schulze) grandeur naturelle, trouvés dans l'océan pacifique
à 4,507 mètres de profondeur.   (Photographies du Dr M. KUCKUCK.)

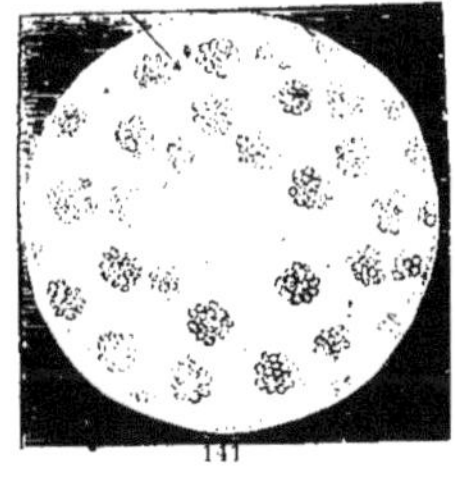

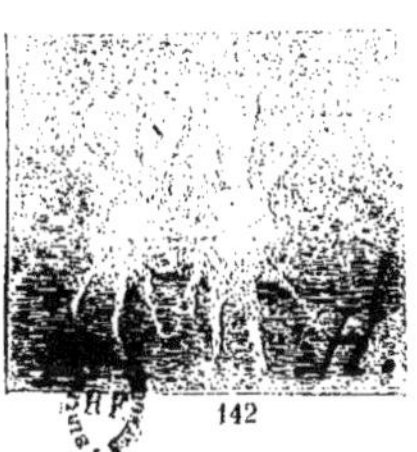

140. Rhizopode de baryum développé spontanément dans le blanc d'œuf (ovo-albumine) versé sur un cristal de chlorure de baryum; photographie de grandeur naturelle; âge 24 heures; à comparer avec les nos 137, 138 et 139, Xenophyophora de E.-F. Schulze.   (Dr M. KUCKUCK.)

141. Coupes de colonies (Rhizopode) de baryum sur complexe de gélatine; naissance spontanée; âge 24 heures; agrandissement + 375 D. Autour du cristal de baryum on voit naître quantité de coenobia (morulae), cellules de Baryum.   (Dr M. KUCKUCK.)

142. Rhizopode de Baryum développé spontanément dans le blanc d'œuf (cellules sans noyaux). Comparez les figures des planches 32 a 37.

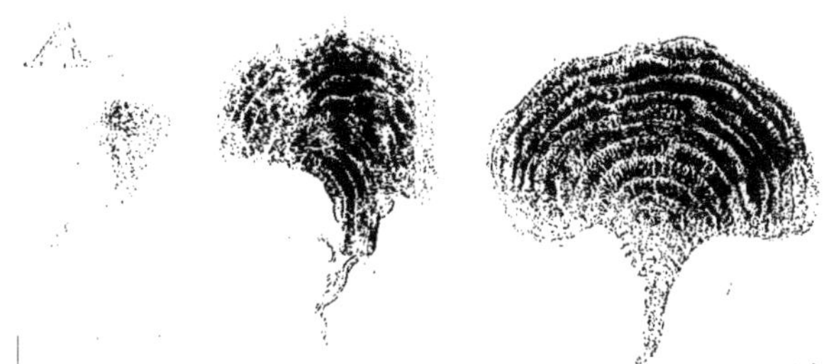

143. Trois individus de Stannophyllum tonarium (Haeckel), ou Xenophyophora (E.-F. Schulze) trouvés en 1900 à 4,488 mètres de profondeur dans l'océan pacifique par l'expédition « Albatros ». Grandeur naturelle.

(Photographies du Dr M. Kuckuck.)

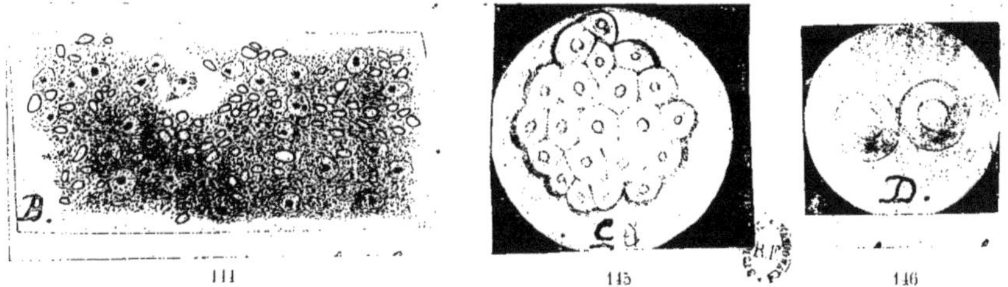

111.   115.   116.

111. Coupe à travers le plasmodium d'un Xenophyophora; les cytodes (cellules sans noyaux) sont coupées au milieu et l'on voit les vacuoles sombres ouvertes. Agrandissement + 750 D.   (Dr M. Kuckuck.)

115. Un coenobium (morula) né spontanément du chlorure de baryum sur le complexe de gélatine à 10 %, peptone à 1 %, asparagine 0,05 %; glycérine 1 % et sel marin 3 %; âge 24 heures, après échauffement à 100° c. cellules cuites. Agrandissement + 1500 D.   (Dr M. Kuckuck.)

116. Deux cellules (cytodes) de Baryum sur complexe de gélatine; âge, trois jours; agrandissement + 2250 D. Comparez les nos 111, 115, 116, et voyez l'analogie de texture.   (Dr M. Kuckuck.)

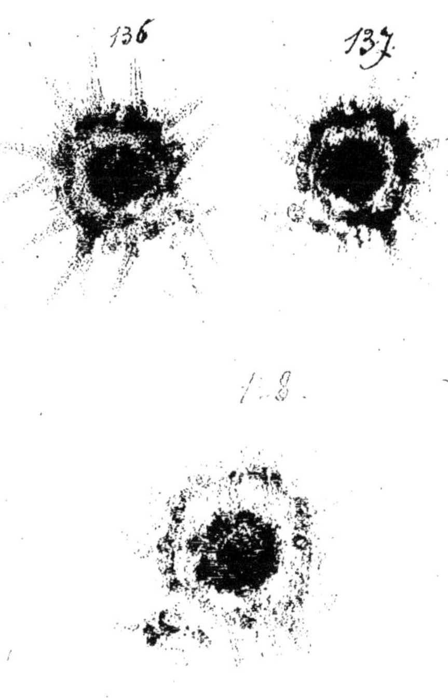

Oursin parthénogénétique

(Dr Yves Delage.)

136. Animal vu par le pôle apical; (× 130)
137. Le même vu par le pôle buccal; (× 130)
138. Le même vu par le pôle buccal;
(grossissement plus fort, × 185)

139. Oursin dessiné et vu par le pôle buccal, à la chambre claire :
b, bouche;
l, poches de la lanterne;
p, pieds ambulacraires;
pd, pédicellaires;
pq, piquants;
t, tentacules.

(Dr Yves Delage.)

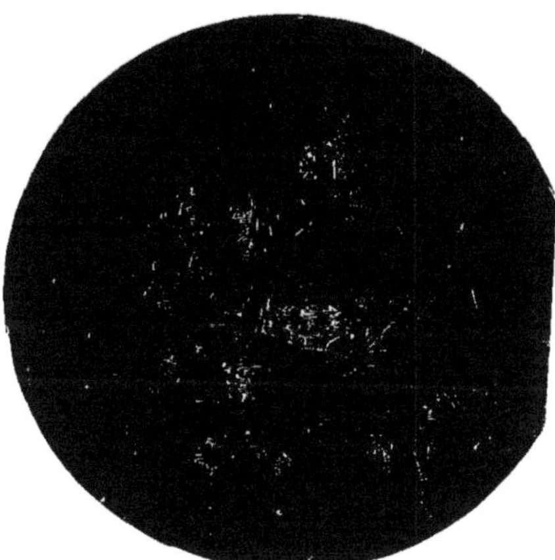

151. Silicate atomisé sur alcool; collection de pseudo-infusoires durcis; très intéressants.   (1)

152. Examen microscopique d'une roche calcaire : vacuoles protoplasmiques; granulations, microzymas (Béchamp); cellules, noyaux, cristaux, en un mot tous les éléments des tissus vivants.   (A. RENARD.)

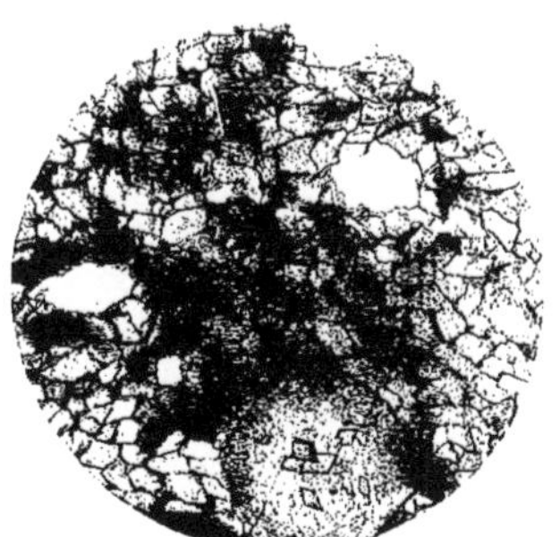

153. Autre coupe d'une roche calcaire pour l'examen microscopique : cristaux, cellules, granulations, tissus, etc.
(Prof^r A. RENARD, de l'Université de Gand.)

154. Photographie de blocs de fer natif de météorite trouvés au pied d'une falaise au Groenland.   (C. FLAMMARION.)

(1) Les clichés micro-photographiques sont du professeur HERRERA DE MEXICO.

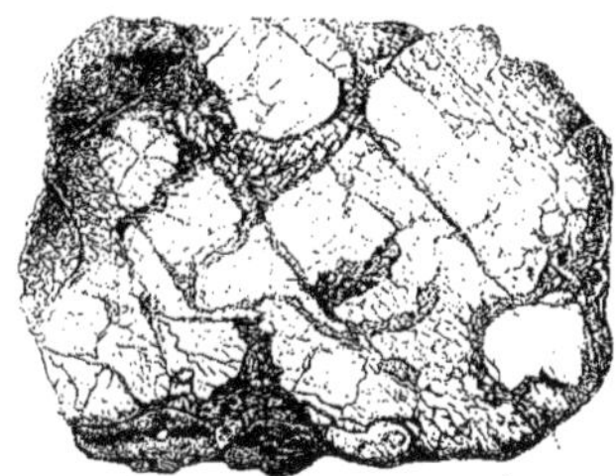

155. Couches superposées très visibles dans l'aerolithe de Sainte Catherine.
(Collection MOLTÉNI.)

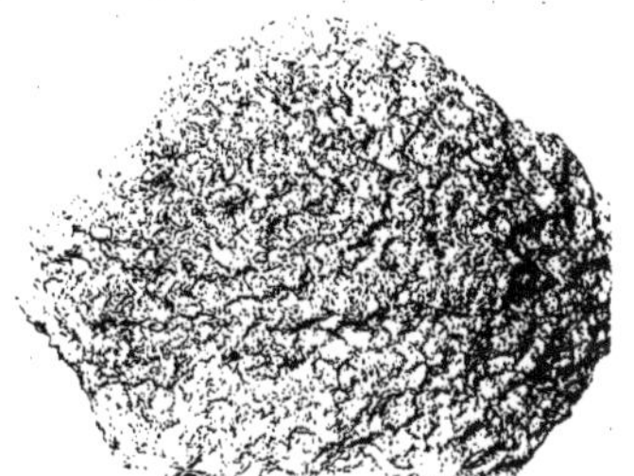

156. Météorite tombé à Emmet (Etats-Unis) le 10 mai 1870 et pesant 218 kilos 500 grammes.
(Collection MOLTÉNI.)

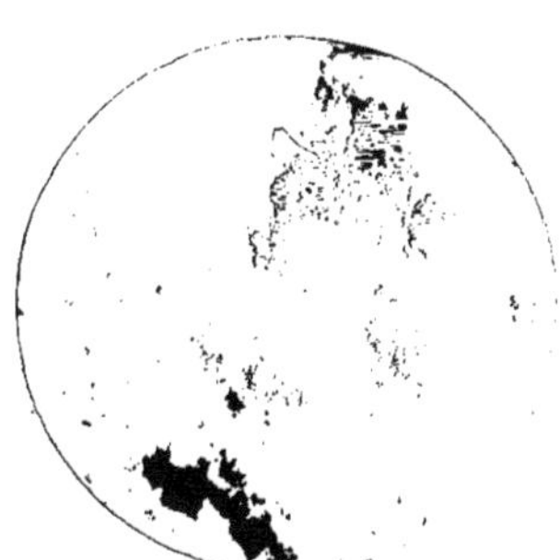

157. Météorite de Jiquipulco traité par l'acide chlorhydrique. Le silicate gélatineux a absorbé des corpuscules divers; granulations protoplasmiques.   (1)

158. Météorite de Jiquipulco; cellule nuclée provenant des chlorures et des silicates du météorite pulvérisés avec la potasse.   (1)

(1) Les clichés micro-photographiques sont du professeur HERRERA DE MEXICO.

159. Météorite de Jiquipilco : pseudo-organismes semblables aux rhizopodes de Cuvier, avec leurs filaments vibratils et aux amibes de Haeckel, obtenus par les silicates et les chlorures du météorite. (1)

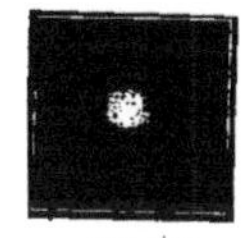

160, 161 et 162. Trois nébuleuses en formation de mondes. (C. FLAMMARION.)

Harmonie et éternité universelles dans la perpétuelle transformation des mondes et des êtres dans l'ether, protoplasme de l'infini.

(Dr JULES FÉLIX.)

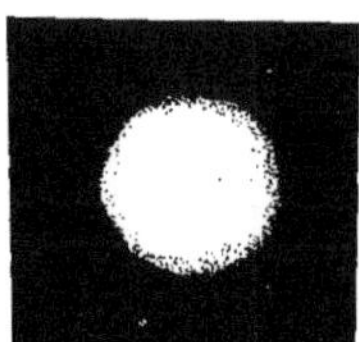

163. La terre à l'état gazeux.
(C. FLAMMARION.)

Mouvement giratoire de cette grande cellule comme celui à toutes les cellules dans leur protoplasme, avant leur plasmogenèse et leur organisation en êtres de l'univers; génération universelle spontanée. (Dr J. FÉLIX.)

164. Nébuleuse terrestre.
(C. FLAMMARION.)

Gravitation et centrifugation moléculaires, causes physiques de la génération spontanée de tout les êtres de l'univers.

(Dr JULES FÉLIX.)

165. Nébuleuse en spirale de la
constellation des chiens de chasse.
(Flammarion.)

166. Permanganate de potasse en
diffusion dans solution de silicate alcalin ; génération spontanée ; pseudo-
cométés. et nébuleuses.   (1)

167. La comète B. à Paris 1881.
(C. Flammarion.)

168. Nébuleuse double (*Karyokinèse astrale*) dans la grande ourse.
(C. Flammarion.)

(1) Les clichés micro-photographiques sont du professeur Herrera de Mexico.

109. Nébuleuse M. 51, des chiens de chasse; photographie prise à l'observatoire Yerkès, par M. G.-N. Ritchey, par une exposition de six heures. Voir bulletin de la société astronomique de France, août 1909.

Plasmogenèse et gravitation universelles.

L'harmonie universelle des mondes incréés et en perpétuelles transformations est une preuve évidente de l'unicité de la matière et de l'éternité de l'univers infini.   (Dᵣ JULES FELIX.)

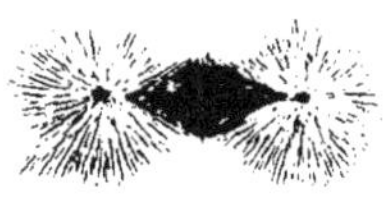

170, 171. Karyokinèse cellulaire organique à comparer avec la nébuleuse : mouvement giratoire et gravitation.

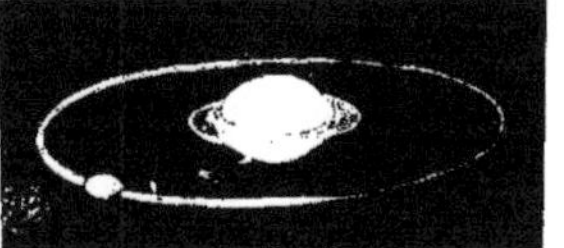

172. Naissance de la terre dans l'orbite du soleil. (C. Flammarion.)
La terre présente l'aspect d'une cellule au sein de son protoplasme.
(Dr Jules Félix.)

173. Condensation des vapeurs d'eau en brouillards, en pluie, etc.
(C. Flammarion.)

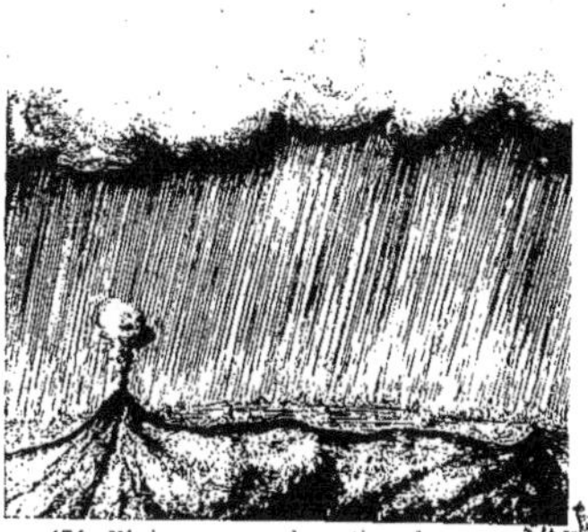

174. Pluies par condensation de vapeurs d'eau à hautes tensions. (C. Flammarion.)

Nota : Il est très intéressant de comparer entre elles, les figures des planches nos 37, 38, 41, 42, 43, 44 et 45 ; les phénomènes de karyokinèse universelle sont aussi évidents dans les astres que sur la terre.

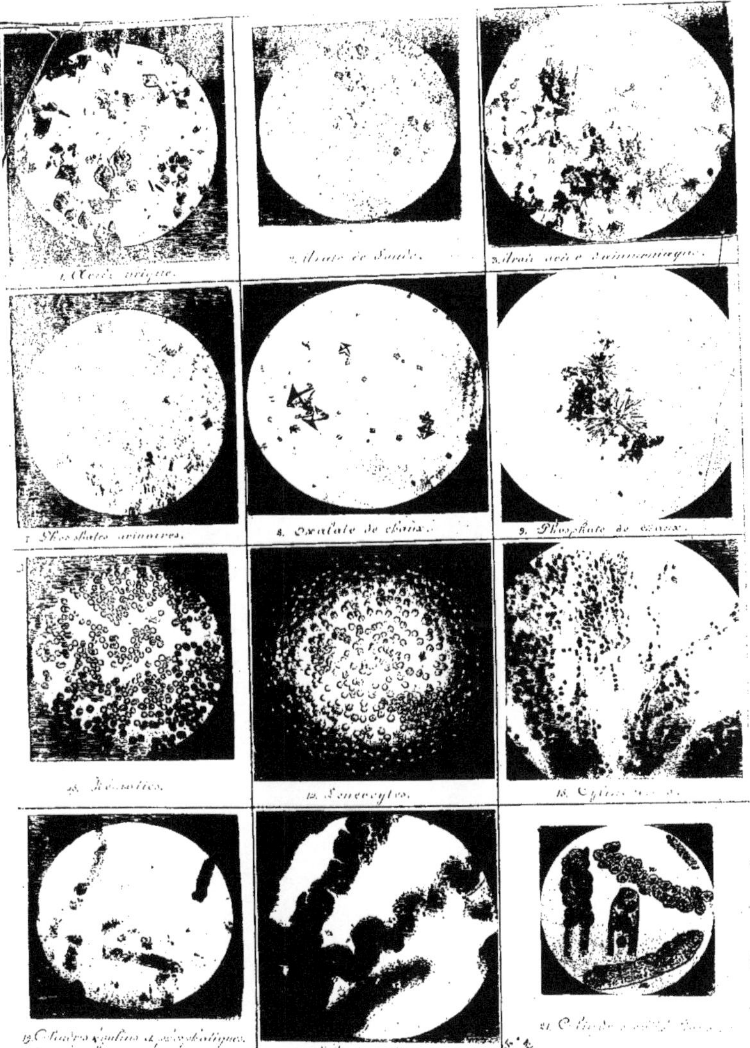

Les 24 figures des planches 46 et 47 (n°s 175 à 198), sont les photographies en deux tableaux synoptiques de tous les éléments microscopiques normaux et pathologiques de l'urine humaine.

(DENAYER, chimiste à Bruxelles.)

Il est intéressant de comparer ces tableaux avec les autres planches de l'atlas, et de constater l'harmonie universelle dans la formation des êtres et leur transformisme perpétuel par la plasmogenèse et la génération spontanée.

(Dr JULES FÉLIX.)

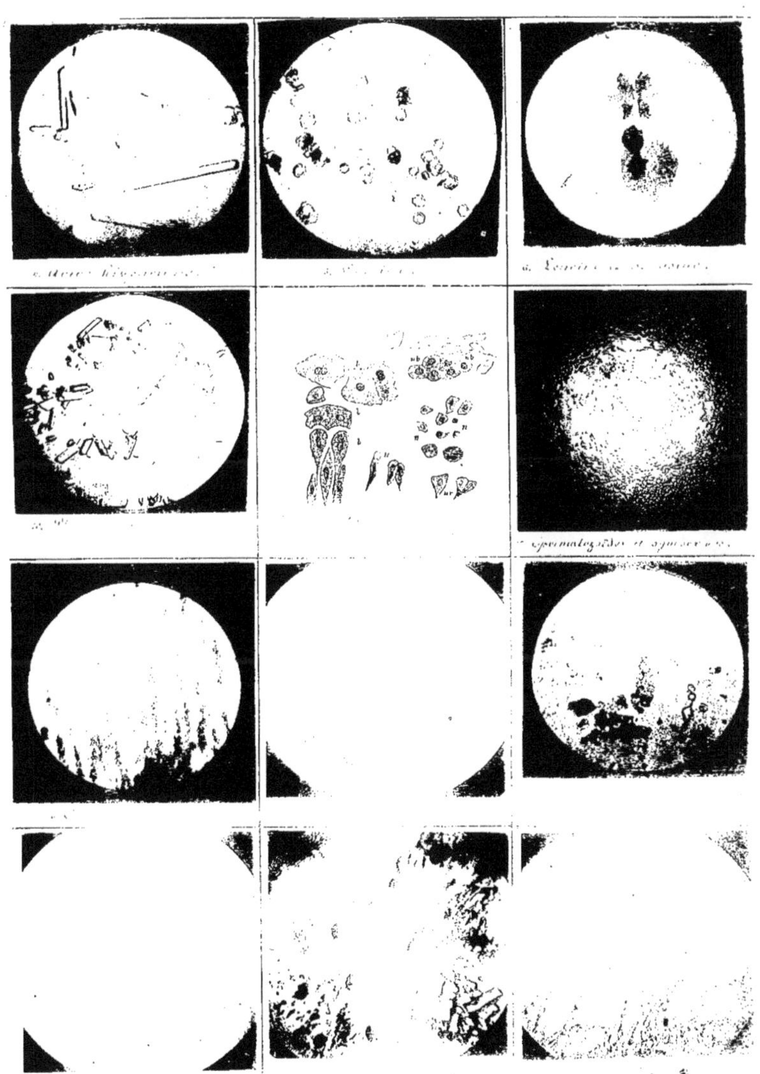

Les 21 figures des planches 46 et 47 (nos 175 à 198) sont les photographies en deux tableaux synoptiques de tous les éléments microscopiques normaux et pathologiques de l'urine humaine, dressés par M. Denayer, chimiste à Bruxelles. Partout de la plasmogenèse et de la gravitation moliculaire. (Dr JULES FÉLIX.)

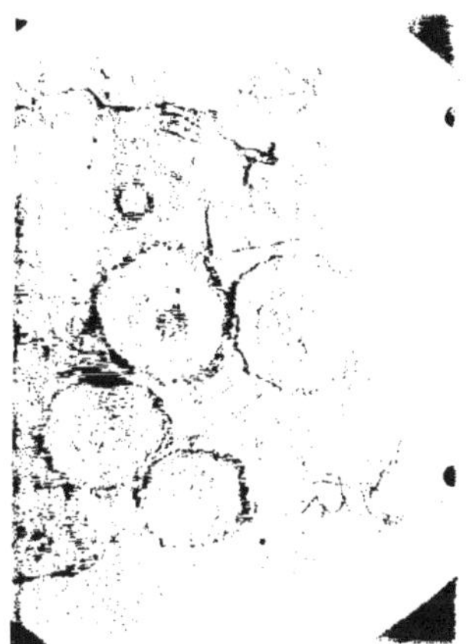

199. Chlorure de sodium cristallisant dans
la silice colloïde : cellules, noyaux et chromatine durables.   (HERRERA.)

200. Chlorure de sodium cristallisant dans
la silice colloïde : amibes ; génération spontanée.
Zeiss $\frac{2}{A}$ (HERRERA.)

201. Carbonate de calcium cristallisant dans
la silice colloïde : cellules, noyaux, chromatine.
Zeiss $\frac{2}{2}$ D. (HERRERA.)

202. Chlorure de sodium en cristallisation
dans la silice colloïde : lichenoïdes durables.
Zeiss $\frac{2}{A}$ (HERRERA.)

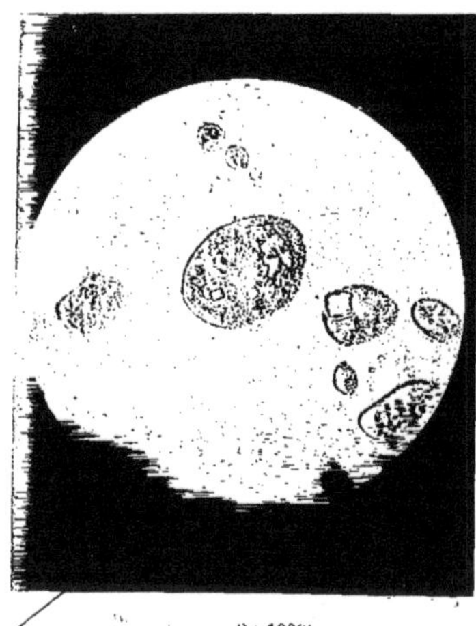

i (× 1000)

203.   ...ie salicylique. Pétinicellule. Expulsion d'un noyau
hors de la cellule. (SCHROEN.)

— (× 750.)

204.   Cristaux en forme de feuille d'olivier du bacille de la
tuberculose. (SCHROEN.)

205.   ...ie salicylique, ...
...   (SCHROEN.)

206.   ...cellule du muscle du cœur et ... (SCHROEN.)

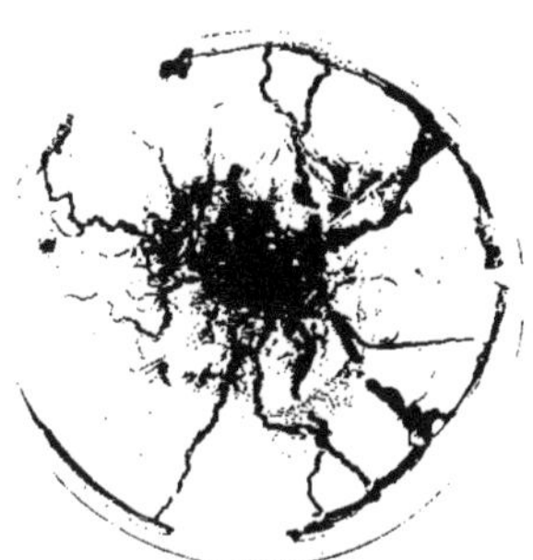

207. Sulfate de fer cristallisé semé dans une solution de silicate de potasse dans l'eau distillée et stérilisée ; génération spontanée : Madrépore semblable aux polypiers des mers intertropicales. (Dr Jules Félix.)

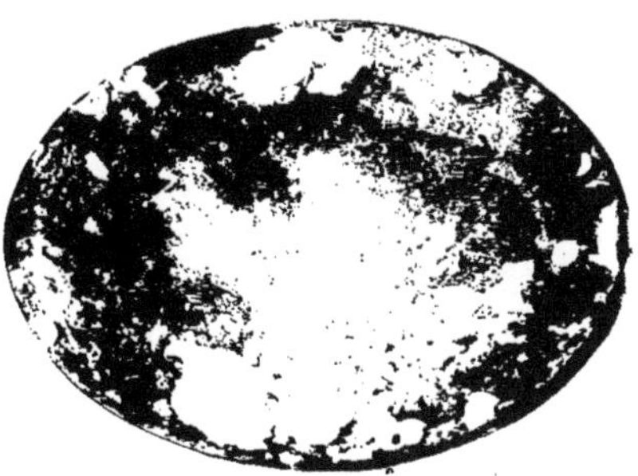

208. Petits cristaux de chlorure de calcium semés dans solution stérilisée de silicate de potasse dans l'eau distillée ; plasmogenèse et cytogenèse protoplasmique. (Cultures sur verres de montre.) (Dr Jules Félix.)

209. Petits cristaux de chlorure de manganèse semé dans solution de silicate de potasse à 10 °/₀ ; cytogenèse spontanée ; amibes. (Dr Jules Félix.)

210. Même semis de petits cristaux de sulfate de cuivre ; génération spontanée, mitose, caryocinèse.

(Dr Jules Félix.)

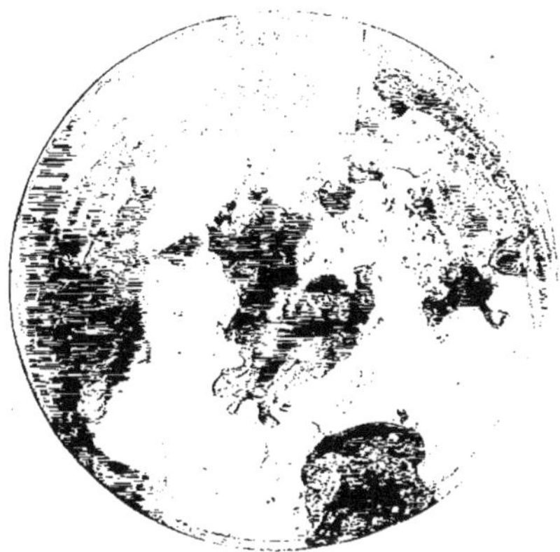

211. Même semis que les précédents, de cristaux très fins de chlorure de nickel; génération spontanée, granulations, cellules pétroplasmiques de Schroen.   (Dʳ Jᴜʟᴇs Fᴇ́ʟɪx.)

212. Même semis de fins cristaux de nitrate d'argent; mêmes phénomènes et productions osmotiques.   (Dʳ Jᴜʟᴇs Fᴇ́ʟɪx.)

213. Même semis de cristaux fins de chlorure de calcium; génération spontanée d'amibes minéraux. (Dʳ Jᴜʟᴇs Fᴇ́ʟɪx.)

214. Même semis de cristaux de chlorure de baryum; madrépores spontanément développés par osmose; (voir les détails de ces figures à la loupe).   (Dʳ Jᴜʟᴇs Fᴇ́ʟɪx.)

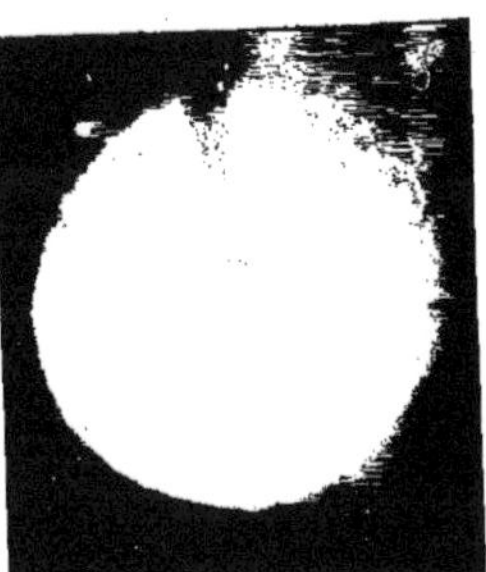

215. Semis de petit cristal de chlorure de baryum dans solution à 10 °/o de silicate de potasse dans eau distillée et stérilisée ; gravitation, plasmogenèse semblables à la formation des nébuleuses. (Dr Jules Félix.)

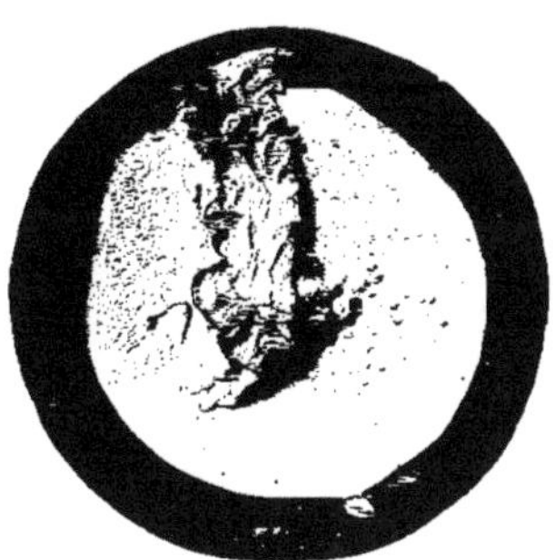

216. Chlorure de nickel en très fins cristaux semés dans même solution; génération spontanée en forme de mollusques et de polypiers. (Dr Jules Félix.)

217. Même semis de petits cristaux de chlorure de manganèse; phénomènes osmotiques, développement spontané et rapide de madrépores. (Dr Jules Félix.)

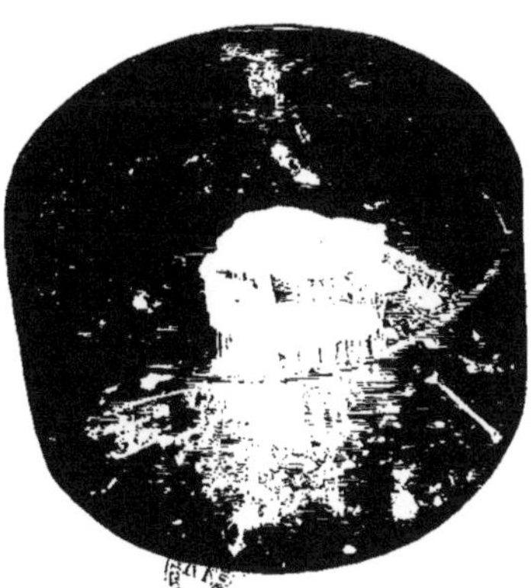

218. Même semis de cristaux de chlorure de calcium; génération spontanée de plantes minérales, semblables aux champignons : agaric, oronge, etc. (Dr Jules Félix.)

219. Chlorure de nickel cristallisé
semé dans solution à 10 °/₀ de silicate de
potasse dans eau distillée et stérilisée :
Plantes minérales 1,2 grandeur, génération spontanée.   (Dʳ JULES FÉLIX.)

220. Même semis de cristaux de
manganèse dans solution à 10 °/₀ de
silicate de potasse en solution dans
eau distillée et stérilisée.
                       (Dʳ JULES FÉLIX.)

221. Même semis de chlorure de
baryum cristallisé; plantes minérales,
1/2 grandeur; génération spontanée.
                       (Dʳ JULES FÉLIX.)

222. Même semis de cristaux de chlorure de calcium. Génération spontanée
de plantes minérales. 1/2 grandeur.
                       (Dʳ JULES FÉLIX.)

223. Cristaux de sulfate de cuivre semés dans solution à 10 %, de silicate de potasse dans eau distillée et stérilisée. 1/2 grandeur.
(Dr Jules Félix.)

224. Même semis de bichromate de potasse; polypiers nés spontanément. 1/2 grandeur.
(Dr Jules Félix.)

225. Semis de chlorure de manganèse cristallisé, dans de l'eau minérale artésienne d'Ostende silicatée.
(Dr Jules Félix.)

226. Même semis de sulfate de cuivre cristallisé, dans solution aqueuse silicatée et stérilisée. Toujours et partout la génération spontanée.
(Dr Jules Félix.)

227. Premiers soulévements de la croûte de la terre résultant des pressions internes; le granit s'échauffe et monte comme la soupe au lait,

228. Formation des premiéres iles, émergeant des eaux; (plasmogenèse).
(C. FLAMMARION.)

229. Développement successif de la flore et de la faune dans les âges successifs de la terre. (C. FLAMMARION.)

La plasmogenèse est la loi de l'harmonie universelle dans le temps et dans l'espace. (D\u02b3 JULES FÉLIX.)

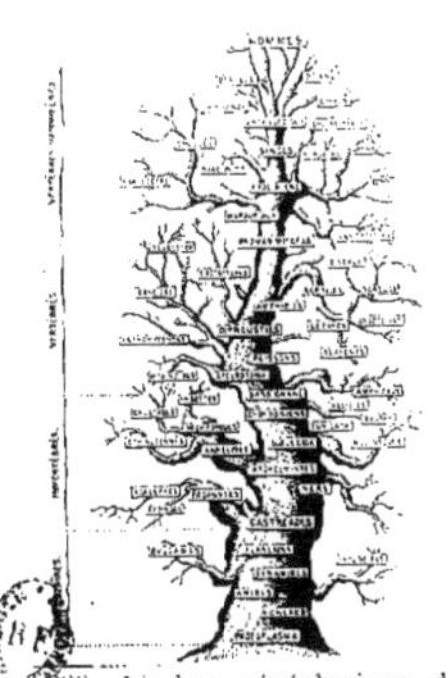

230. L'arbre généalogique de la vie terrestre d'après Haeckel. L'étude de l'évolution universelle par la plasmogenèse perpétuelle doit compléter l'arbre généalogique de la vie des êtres dans les règnes minéral, végétal, animal et astral. (D\u02b3 JULES FÉLIX.)

231. Expression de la joie aux différents âges; cette étude attentive des phénomènes physiques établit que les sentiments, les passions, la pensée, ne sont que actes musculaires réflexes déterminés et provoqués fatalement chez les êtres vivants par les événements, et les milieux.

232. Expressions diverses du chagrin; tous les muscles du corps de tous les êtres vivants se contractent involontairement sous l'influence des causes mésologiques. (Collection Molteni.)
(Dr JULES FÉLIX)

233. Mouvements physiques et contractions musculaires réflexes produits par la frayeur. (Collection Molténi.)

234 La mansarde de l'alcoolique : ivresse, démence caractérisées par des mouvements réflexes et involontaires chez l'ivrogne. Chagrin et désolation chez la femme-mère; frayeur chez la petite fille; insouciance chez le nourisson; toujours les réfléxes musculaires. (Dr JULES FÉLIX.)

235. Le cynapithécus, grand singe, heureux
d'être caressé; tous les muscles de son corps
et de sa face surtout se contractent pour
exprimer la joie et la satisfaction.

236. Chimpanzé, chagrin et de mauvaise
humeur; contractions musculaires réflexes
produites par influence mésologique, comme
chez l'homme.   (Dr Jules Félix.)

237. Mêmes phénomènes chez le chien humble
et d'humeur caressante devant son maître.
            (Collection Molténi.)

238. Autres phénomènes réflexes causés chez
le même chien méchant et voulant attaquer un
autre chien.

La psychie n'est que de la physique et la
psychologie, de même que la biologie, n'est
qu'une branche de la mécanique universelle.
            (Dr Jules Félix.)

239. Expressions musculaires réflexes d'un chat heureux et de bonne humeur. Tous les organes du corps, même les poils réfléchissent inconsciemment et réagissent fatalement d'après la réception des impressions perçues et causées par les influences externes.
(Dʳ Jules Félix.)

240. Chat effrayé par un chien et de mauvaise humeur pour se défendre. Les êtres vivants n'agissent point, mais ils réagissent. Le libre arbitre est une utopie. (Dʳ Jules Félix.)

211. Cygne repoussant un importun.
(Collection Mohéni.)
Aussi bien chez les animaux que chez les hommes, les plantes et les minéraux, la vie et tous ses phénomènes psychiques, ne sont que des réactions physico-chimiques produites par l'influence des milieux.
Dʳ Jules Félix.)

242. Poule en colère et mettant en garde contre un chien pour défendre et protéger ses poussins. La pensée et le sentiment n'existent pas par eux mêmes; ce sont des actes réflexes, des réactions plus ou moins perçues d'après les individus, et dues à l'ambiance. (Dʳ Jules Félix.)

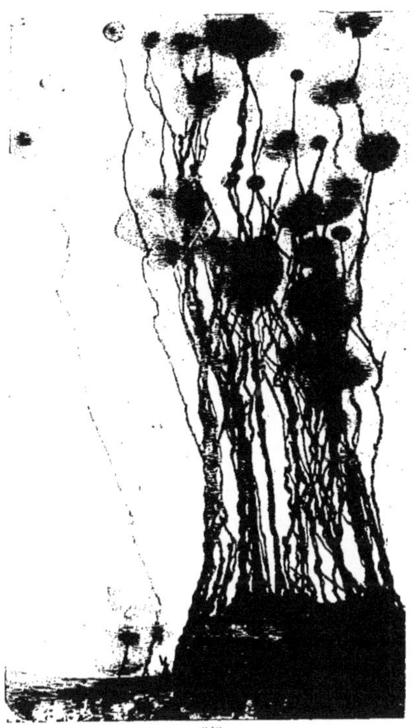

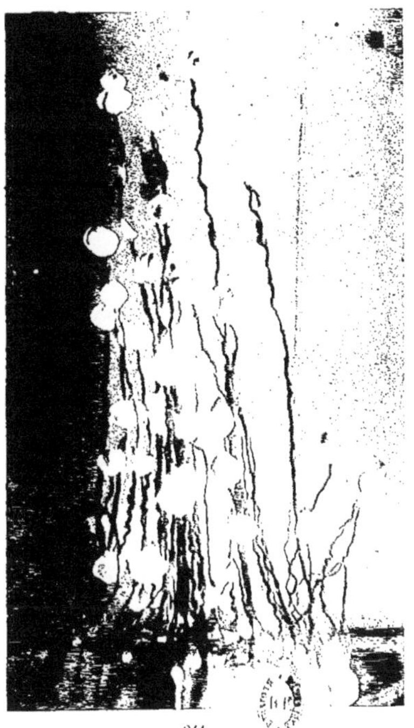

243

241

Nouvelles plantes minérales, de croissance osmotique. nées de semis de cristaux dans solution silicatée.

(Dr S. LEDUC. 1909.)

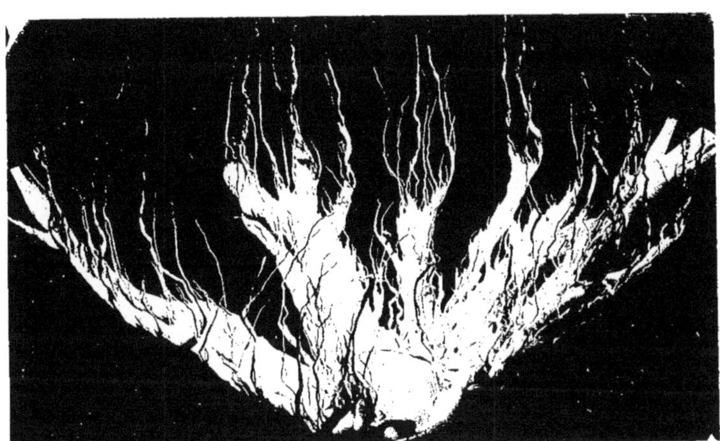

246. Polipiers (madrépores) de croissance osmotique, nés spontanément de cristaux de sels calcaires dans solution de silicate alcalin. (Dr S. Leduc, 1909.)

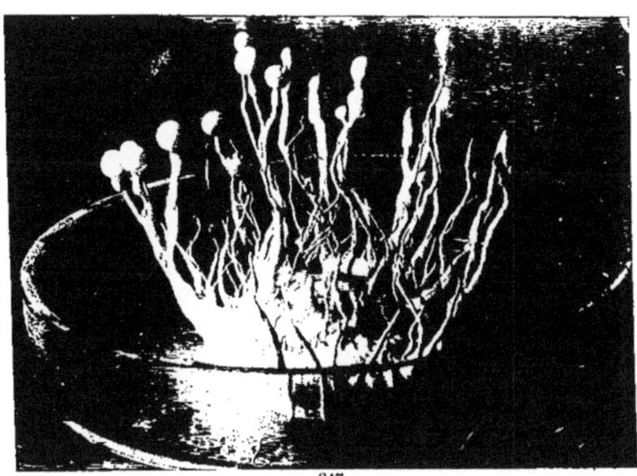

217.

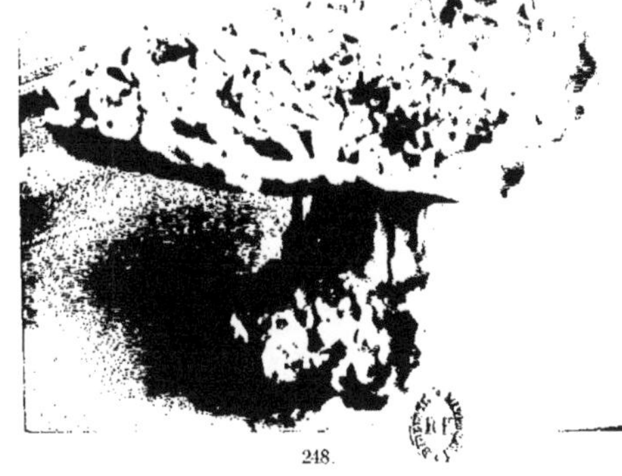

248.

Plantes et champignon de croissance osmotique de sels calcaires dans solution de silicate alcalin.
(Photographies du Dr S. Leduc, 1909.)

Cette planche représente les phases cellulaires, (cytogénie et morphologie, de la période précristalline (Schroen) des cristaux dans leur pétroplasme.

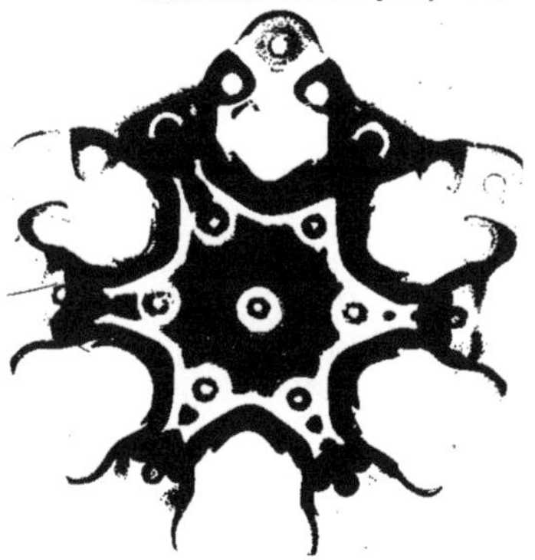

249 Nitrate d'argent diffusé sur plaque de gélatine avec gouttes de chlorure d'ammonium.
(Dr S. Leduc.)

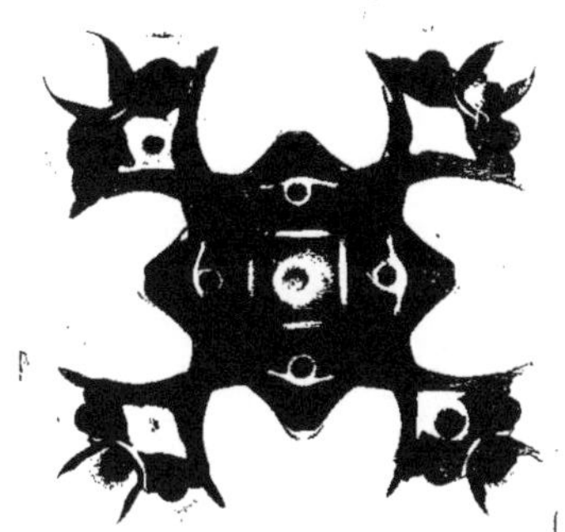

250. Nitrate d'argent sur plaque de gélatine et bichromate d'ammonium.　　(Dr S. Leduc.)

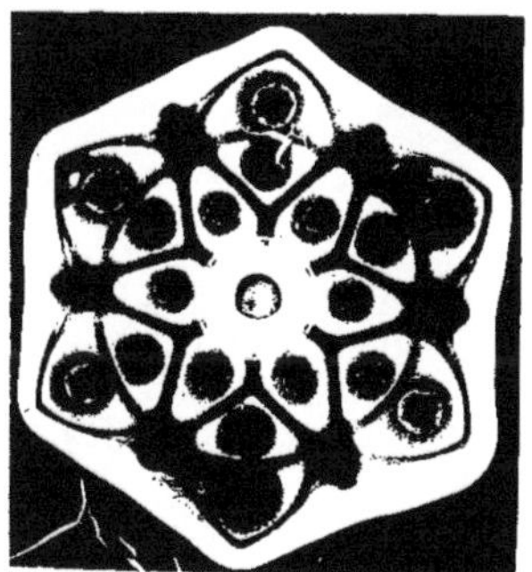

251. Sulfate de cuivre sur gélatine.
(Dr S. Leduc.)

252. Salicylate de potassium diffusé sur gélatine.
(Dr S. Leduc.)

253. Nitrate d'argent sur gélatine et citrate de potassium.　　(Dr S. Leduc.)

254. Croissance osmotique de sels calcaires.
(Dr S. Leduc.)